읽자마자
과학의 역사가 보이는

원소
어원
사전

읽자마자
과학의 역사가 보이는

원소
어원
사전

김성수 지음

보누스

머리말

이다음에 크면 화학을 공부하는 화학자가 되겠다고 다짐했던 15살, 제가 가장 먼저 한 일은 다름 아닌 새 인터넷 아이디(ID)를 만드는 것이었습니다. 과거 아버지의 권유로 영문 이름을 넣어서 만들었던 첫 계정명인 sskim12가 영 마음에 들지 않았기 때문입니다. 그때 고심하다 지은 아이디가 fluorF였습니다. 이 아이디는 원소의 이름을 기반으로 만든 것입니다. 당시 배운 바에 따르면, 원자번호 9번인 플루오린F은 전기 음성도가 가장 높아 어떠한 경우에도 전자를 받아들일 수 있는 원소였습니다. 이 이름이야말로 어떤 지식이든 제 것으로 만들고자 했던 저만의 성향을 잘 대변해 준다고 생각했지요.

그래서 당시 제가 가장 흥미롭게 독학하고 있던 스페인어로 플루오린을 적되, 악센트 부호는 제외한 'fluor'를 쓰고 그 뒤에 플루오린의 원소 기호인 F를 붙여 저만의 아이디를 만들었습니다. 이 아이디는 두 가지 이름, 즉 스페인어 원소 이름과 전 세계 공용으로 쓰이는 원소 기호를 빌려 쓴 셈입니다. 그러나 당연하게도 이 아이디를 보자마자 무슨 뜻인지 알아채는 사람은 많지 않았습니다. 설령 화학 관련된 무언가라는 사실을 더듬어 헤아린 사람들도 플루오린(불소)

이 들어 있는 치약 외에는 별다른 말을 하지 못했지요.

하지만 사람들이 알아주거나 말거나, 이 아이디는 제 정체성을 대변하는 상징적인 이름이 되었습니다. 시간이 흘러 저는 화학을 전공한 뒤 다양한 고분자 및 탄소 물질을 연구하는 과학자가 되었고, 동시에 뜬금없이 스페인어를 비롯한 각종 외국어를 공부하는 별난 연구자로 주변에 알려지게 되었습니다. 그리고 틈틈이 이 원소 기호와 이름들에 관해 설명하는 영상 자료를 편집해 업로드하는 초보 유튜버로도 활동하게 되었지요. 이런 것이 정말 '이름의 힘'이었던 것일까요? 아무튼 이렇게 이름에 진 빚이 많다 보니 원소의 이름에 관련된 이야기들로 지금처럼 여러분을 만날 수 있게 된 것이 아닐까 하는 생각도 듭니다.

어떤 명칭에 대한 어원을 파헤치는 이야기, 같은 개념에 대한 다양한 언어 표현을 비교 및 분석하는 이야기, 화학 원소의 발견과 관련된 이야기 등은 이미 저보다 앞서 계셨던 선배 과학자들이 수없이 세상에 선보인 것들입니다. 이 책을 통해 제가 한 일이라고는 이 서로 다른 영역의 이야기들을 어떻게든 잘 엮어보려 한 것뿐이기에, 이 책에는 전혀 상상하지 못한 새로운 이야기들이 담겨 있지는 않습니다. 하지만 제 박사 과정 지도교수님께서는 "창의성이라는 것은 전혀 무관한 것만 같은 서로 다른 개념과 영역을 연결하는 과정에서 도출된다."라고 늘 말씀하셨습니다. 그러니 아마 독자 여러분도 이 책을 읽다 보면 기존의 화학 교양서와는 약간 다른 창의적인 점을 발견해 주실 것이라 믿습니다. 화학 교과서에 등장하는 수많은 이름을 보고 품었던 궁금증이 이 책으로 해소될 수 있다면 저자로서는 더할 나위 없이 기쁠 것입니다. 더불어 이 책이 출간되기까지 많은 도움을 주신 보누스출판사 관계자분들께 감사드립니다.

익산 항심재益山 恒心齋에서

차 례

일러두기

◇ 화합물 명명은 대한화학회가 정한 유기화합물 및 무기화합물 명명법을 따랐습니다.

　예) 이산화 탄소CO_2, 아이오딘화 포타슘KI

◇ 그리스어, 아랍어, 러시아어 등의 표기는 통상적인 로마자 표기를 사용했습니다.

　예) 아리스토텔레스Aristotélés, 키브리트kibrit, 멘델레예프Mendeleev

◇ 인명과 지명의 표기는 국립국어원에서 정한 외래어 표기법에 따랐으며, 로마자 또는 한자를 병기했습니다.

　예) 나가사키長崎, 옌스 베르셀리우스Jöns Jacob Berzelius

◇ 외국어 단어의 발음 표기가 필요한 경우 대괄호[　] 안에 우리말로 소리나는 대로 표기했습니다.

　예) 元素[겐소], oxygen[억시전], aurum[아우룸]

1장

원소의 이름은 누가 지었을까

名詮自性(명전자성)

이름은 그 사물의 성질을 나타낸다.

— 불교 용어

책장에 꽂혀 있던, 혹은 포장되어 있던 이 책을 꺼내서 첫 장을 펼치기 전까지 얼마나 많은 숨을 들이쉬고 내쉬었는지 기억하시나요? 우리는 우리도 모르는 사이에 가슴을 열어 무언가를 마시고, 이내 무언가를 내뱉습니다. 이 호흡이 살아가기 위해 반드시 반복해야 하는 행동이라는 것은 배우지 않아도 누구나 본능적으로 알고 있지요. 숨을 들이쉴 때 우리 몸은 무엇을 받아들일까요? 과학을 어느 정도 배운 분들이라면 잘 알고 계시겠지요. 우리는 호흡을 통해 산소O를 마신다는 것을요.

산소는 다들 수업 시간에 배운 적이 있겠지요? 산소의 원자 번호는 8번인데, 꺼져가는 불씨를 활활 타오르게 하고 쇠에 붉은 녹이 슬게 하기도 합니다. 산소 원자 2개가 붙어 있으면 우리가 숨을 쉴 때 필요한 산소 분자O_2가 되지만, 3개가 붙은 분자는 오존O_3이 됩니다.

화학 시간뿐 아니라 다른 과학 시간에도 산소는 어김없이 등장합니다. 지구과학 시간에는 산소가 지각을 구성하는 8대 원소 중 하나라고 배웠고, 생명과학 시간에는 적혈구가 온몸 구석구석을 돌아다니며 세포에 산소를 전달해 준다고 배웠습니다. 이처럼 책에서나 수업 시간에서나 뉴스에서나, 산소에 관한 이야기는 끊임없이 등장합니다. 그러나 사람들이 별 의문을 가지지 않는 질문이 하나 있습니다. '왜 이 원소의 이름은 산소(酸素)인 것일까?' 우리는 이제부터 원소들이 왜 그런 이름을 가지게 되었는지 차근차근 살펴보려 합니다.

우리가 모르는 사람을 만났을 때 처음 묻는 것은 그 사람의 키나 나이, 성격이 아니라 이름입니다. 책을 통해 저를 처음 만나는 독자 여러분에게 제가 가장 먼저 제공하는 정보도 바로 표지에 있는 제 이름일 것입니다. 사실 사람뿐 아니라 전에 알지 못했던 사물이나 현상도 마찬가지라서, 우리는 일단 그것들의 이름을 먼저 안 뒤에야 비로소 본질을 들여다볼 준비를 하게 되지요.

기왕 이름 이야기가 나왔으니 잠시 제 이름을 한번 살펴볼까요? 제 이름은 김성수金聖秀입니다. 대체 어떻게 김성수라는 이름이 지어진 것일까요? 어렸을 때 부모님께 여쭤보고 알아낸 사실을 말씀드리겠습니다. 물론 첫 자인 성 김金은 아버지에게서 물려받은 성姓입니다. 하지만 성수라는 이름은 제가 태어나기 전부터 할아버지께서 친히 정해 놓으셨습니다. 거룩한 사람이 되라는 뜻에서 성인 성聖을, 그리고 빼어난 사람이 되라는 바람에서 빼어날 수秀를 이름에 넣으셨다고 합니다. 생각해 보면 이 이름은 태어난 지 얼마 되지 않은 갓난아기였던 저를 바라보는 할아버지의 시선이 가득 담긴 귀중한 이름인 셈이지요.

따지고 보면 이 이름은 몇 가지 규칙을 충실히 따른 이름이기도 합니다. 우선 제 이름에 쓰인 한자인 성(聖)과 수(秀)는 모두 대한민국 대법원이 지정한 8,142자의 인명용 한자에 포함된 한자입니다. 또 많은 우리나라 사람이 그렇듯이 제 이름은 1음절의 성과 2음절의 이름으로 구성되어 있지요. 하지만 규칙에서 약간 벗어나는 변칙도 하나 있습니다. 원래 제 이름의 마지막 글자는 돌림자인 물가 수洙를 써야 한다고 족보(族譜)에 규정되어 있었습니다. 하지만 할아버지께서는 돌림자에 얽매이지 않고 빼어난 사람이 되라는 소망을 담아 발음만 같고 형태와 뜻이 다른 秀를 제 이름에 남겨주셨던 것입니다.

이처럼 무언가에 이름을 붙일 때에는 일반적으로 규칙이라는 것이 존재합니다. 그리고 이름에는 대개 그 규칙을 크게 벗어나지 않는 선에서 이름을 짓는 사람의 뜻과 의지가 자유롭게 나타나곤 합니다. 이렇게 사람 이름도 규칙에 맞춰 애정을 듬뿍 담아 짓는데, 모든 물질을 구성하는 기본 요소라는 원소의 이름이 과연 아무 의미 없이, 아무 규칙도 없이 마구잡이로 지어졌을까요? 절대 그렇지 않을 것입니다. 분명 수소H라는 이름에는 수소를 처음 발견한 사람의 시선과 애정이 듬뿍 담겨 있을 것이고, 브로민Br이라는 이름에는 분명 그런 이름을 지어야만 했던 규칙이 존재했겠지요.

이 책에서는 지금까지 화학 수업에서 주목하지 않았던 화학 원소의 '이름과 어원'에 초점을 맞춰보려고 합니다. 이 원소에 어째서 이런 이름이 붙었는지에 대해 알게 된다면 원소가 어떻게 발견되었는지, 어떤 특성이 있는지를 이해할 수 있을 뿐만 아니라 이름을 처음 붙이고 불렀던 사람들의 생각과 관점도 엿볼 수 있을 것입니다.

화학 원소란 무엇일까?

제가 이야기하려고 하는 이름들은 모두 화학 원소와 관련된 것입니다. 그러면 화학 원소라는 용어부터 바르게 이해해야 각 원소들의 이름을 이해하는 데 도움이 되겠지요? 화학자들의 국제 학술기관인 국제 순수·응용 화학 연합(IUPAC, International Union of Pure and Applied Chemistry)은 화학 원소를 다음과 같이 정의했습니다.

핵 안에 같은 수의 양성자를 가진 원자들의 종류

조금 어려운 뜻풀이입니다. 우리나라의 한국어 연구 기관인 국립국어원에서 편찬한 표준국어대사전에 적힌 화학 원소의 정의가 조금 더 쉽게 느껴질 것입니다.

모든 물질을 구성하는 기본적 요소. 원자핵 내의 양성자 수와 원자 번호가 같다. 현재까지는 118종의 원소가 알려져 있다.

앞에서 원자 번호 '8번'인 산소라는 화학 원소의 이름을 이야기했는데, 원자 번호는 양성자의 개수에 따라 결정됩니다. 즉 원자 번호 8번인 산소는 원자핵에 양성자 8개를 가지고 있습니다. 산소 원자는 산소 기체 O_2와 같은 홑원소물질 분자를 구성하거나, 물 H_2O과 같이 다른 원소와 함께 화합물 분자를 이룹니다. 따라서 우리는 산소라는 이름을 가진 화학 원소가 산소 기체와 물을 구성하고 있다고 말할 수 있지요. 산소를 포함해서 2023년 기준 전 세계에는 총 118종의 화학 원소가 알려져 있습니다. 이를 한눈에 알아볼 수 있도록 한 것이 과학 책에서 흔히 보는 원소 주기율표입니다.

하지만 옛날에는 세상을 구성하는 원소가 이보다 더 적다고 생각했습니다. 예를 들어 그리스의 철학자인 탈레스Thalês는 만물이 물로 구성되어 있다고 주장했고, 아리스토텔레스Aristotélés는 세상이 물, 불, 흙, 공기로 구성되어 있다는 4원소설을 주장했습니다. 그러다가 근대 화학의 아버지라고 불리는 18세기의 프랑스 화학자 앙투안 라부아지에Antoine-Laurent de Lavoisier가 그의 저서《화학 원론Traité élémentaire de chimie》에서 오늘날 우리가 이해하는 화학 원소와 매우

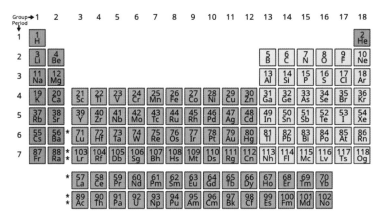

2023년까지 알려진 원소 118종이 표기된 원소 주기율표. 러시아의 드미트리 멘델레예프 Dmitrii Ivannovich Mendeleev는 원소 주기율표의 대표적인 선구자로 널리 알려져 있다.

근접한 개념의 원소 33개를 제안했습니다.

　물론 지금보다 과학 기술이 뒤처진 300년 전 지식을 기초로 했기 때문에 그중에는 '이게 정말 원소라고?'라는 의문이 절로 들 만한 것들도 있었습니다. 하지만 이후 수많은 과학자가 연구를 거듭한 끝에 과거에는 몰랐던 세상의 구성 요소들이 하나씩 밝혀지게 되었습니다.

　이렇듯 화학 원소는 대부분 서양에서 발전한 개념이었습니다. 물론 우리 조상들도 주변에서 일어나는 물질 변화를 경험적으로는 알고 있었을 것입니다. 그러나 근대 화학 지식을 유럽으로부터 전수받기 전에는 화학 원소라는 존재를 잘 몰랐던 것 같습니다. 예를 들어 아궁이에서 땔감을 태워 음식을 데우고 나면 재가 남는다는 것은 알고 있었지만, 땔감이 탈 때 공기 중 어떤 성분과 반응하는지를 원소라는 개념과 엮어서 생각해 본 적은 없었다는 말이지요. 그럼에도 불구하고 우리는 어떻게 이 새로운 개념을 오래전부터 사용하던 단어인 양, 외래어가 아닌 한자어 원소(元素)라는 명칭으로 부르는 걸까요?

원소 이름은 어떻게 번역했을까?

여기에는 일본 학자들의 공이 큽니다. 임진왜란 이후 권력을 잡은 도쿠가와 이에야스德川家康는 에도 막부를 세우고 서양인들과 직접 교류했는데, 이때 주로 상대했던 나라가 네덜란드 공화국입니다. 하지만 막부는 네덜란드를 통해 유입되는 서양 문화가 일본의 기존 질서를 어지럽히지 않을까 우려했습니다. 그래서 나가사키長崎에 데지마出島라는 인공 섬을 만든 뒤 이곳에서만 네덜란드 사람들과 교류하는 것을 허락했지요.

그런데 이게 웬걸, 서양 문물이 생각보다 괜찮았단 말입니다. 서양 책에 쓰인 내용이 중국에서 만든 책 내용보다 더 정확하고 실용적이었던 거예요. 그래서 1720년, 막부는 기독교 관련 책을 뺀 모든 서양 서적의 수입을 전격 허락했습니다. 그들은 열심히 서양 학문을 배워서 실제로 적용하고 싶어 했어요. 이때부터 일본에서는 네덜란드를 통해 들어온 유럽의 지식을 연구하는 학문인 난학(蘭學)이 등장했습니다.

물론 모든 일본 사람이 서양의 말과 글을 완벽히 익히기는 어려웠습니다. 그래서 일본 학자들은 네덜란드어로 쓰인 책들을 일본어로 번역하는 데 많은 노력을 기울였습니다.

하지만 번역 과정은 결코 쉽지 않았습니다. 생전 들어보지도 못한 개념을 담고 있는 서양 낱말들이 책 여기저기에서 튀어나왔고, 일본 학자들은 이것을 어떻게 번역해야 하나 골머리를 앓아야만 했지요.

예를 들어 네덜란드어로 '산'을 의미하는 berg 같은 단어는 일본어의 山과 대응되니 전혀 문제가 없었습니다. 하지만 economie나

17세기 나가사키에 있던 데지마를 그린 그림. 원래는 포르투갈인들과 교류하기 위해 세운 교역 거점이었다.

zenuw처럼 일본은 물론 중국에
서조차 생소한 개념을 뜻하는
단어는 어떻게 번역해야 했을까
요? 당시 일본 학자들은 뛰어난
한문학자이기도 했기 때문에,
먼저 비슷한 개념을 담고 있는
한문 고전에서 실마리를 찾았습
니다. 예를 들어 economie의 경

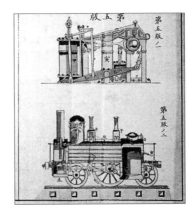

서양에서 들어온 과학 기술과 기계들

우 수나라의 유학자인 왕통王通
이 지은 책 《문중자文中子》에 등장하는 경세제민(經世濟民)을 줄인 경
제(經濟)가 적절한 번역어로 채택되었습니다.

하지만 zenuw를 번역하려니 마땅히 참고할 만한 중국 고전이
없었습니다. 그래서 뛰어난 의사이자 난학의 대가였던 스기타 겐파
쿠杉田玄白는 '혼, 정신'을 의미하는 글자인 귀신 신神과 '길, 경로'를
의미하는 글자인 지날 경經을 합쳐서 신경(神經)이라는 단어를 새롭
게 만들어 zenuw를 번역하는 데 사용했습니다.

'화학 원소'라는 단어도 zenuw처럼 마땅히 참고할 만한 한문
사례가 없었던 난감한 개념이었습니다. 네덜란드어로 쓰인 의학·약
학 책을 일본어로 번역하고 보급하는 데 힘썼던 우다가와 겐신宇田川
玄真은 화학 원소라는 개념을 나타내기 위해 새로운 단어를 만들어
야 할 필요성을 느꼈습니다.

그는 당시 네덜란드어로 화학 원소를 hoofdstof라고도 표현했다는 사실에 주목했습니다. 이에 따라 '머리'를 의미하는 hoofd에는 으뜸 원元을 대응시키고 '물질, 재료'를 의미하는 stof에는 '본바탕, 원료'라는 뜻을 가진 힐 소素를 대응시킨 뒤 이 두 글자를 연결해 원소(元素)라는 단어를 만들었습니다.

이 단어는 양아들인 우다가와 요안宇田川榕菴과 함께 쓴《원서의방명물고遠西醫方名物考》라는 책에서 처음 소개된 뒤로 다른 학자들이 만든 단어인 원질(原質)이나 원소(原素)보다 더 널리 쓰이게 되었습니다. 이로 인해 한국인인 우리도 원소라는 단어를 사용하게 된 것이지요.

원소의 이름을 짓는 법

이제 화학 원소라는 용어와 그 기원은 어느 정도 이해한 것 같습니다. 그렇다면 지금까지 발견된 원소 118종의 이름은 누가, 어떻게 지었을까요? 그건 원소들의 발견 시기에 따라 조금씩 다릅니다.

고대로부터 쓰인 금속 원소들

아득한 옛날부터 인류가 사용해 왔던 원소에는 무엇이 있을까요? 예를 들어 철Fe은 동서양을 막론하고 철기 시대 문명이 발전한 곳에서 널리 쓰인 금속입니다. 그러니 철은 최초 발견자가 누구인지 추측할 수조차 없습니다. 이처럼 유서 깊은 원소들은 특정 지역에 살았던 민족들의 역사·문화와 떼려야 뗄 수 없는 존재였기에 각 문화권별로 오래전부터 고유한 이름이 존재했습니다. 고대부터 인류가 그 존재를 알고 사용해 왔던 원소는 철 외에 구리Cu, 납Pb, 주석Sn, 금Au, 은Ag, 수은Hg 등이 있습니다. 이 원소들은 오래된 만큼 각 지역과 언어마다 그 이름이 매우 다르지요.

17세기 중반 이후

로버트 보일Robert Boyle이 《회의적인 화학자Sceptical Chymist》라는 책을 썼던 17세기 중반으로 가볼까요? 이 시기 즈음 유럽에는 프랑스 과학 아카데미(Académie des Sciences)나 영국 왕립 학회(Royal Society)와 같은 과학자 중심 단체가 만들어졌습니다. 이 단체들이 과학 학술지를 발간하면서 과학자들 사이에 교류와 소통도 더욱 활발해졌지요. 학술지에는 연구 결과가 정리된 논문들이 실렸는데, 이 덕분에 새로운 원소를 누가 어떻게 발견했는지 더 명확하게 알 수 있었습니다.

대개 새로운 원소를 발견한 사람들은 논문으로 원소의 이름을 제안하고 그 이유를 간략하게 써놓곤 했습니다. 이 제안에 별다른 문제가 없는 경우 많은 과학자가 그 이름을 자주 사용했고, 시간이 흐르면서 자연스럽게 그 원소의 이름으로 굳어지게 되었습니다. 예를 들어 헬륨He의 경우, 영국의 노먼 로키어Joseph Norman Lockyer가 자신의 논문에서 새 원소 이름을 그리스 신화의 태양신 헬리오스Hélios에서 딴 helium[힐리엄]이라 부르자고 제안했어요. 이것이 당시 사람들에게 무리 없이 받아들여져 우리나라는 물론 전 세계에서 이 원소를 헬륨이라고 부르고 있습니다.

하지만 아무런 원칙 없이 제멋대로 원소 이름을 지으면 무분별해 보이겠지요? 게다가 이 시기 화학자들은 논문에서 원소를 어떤 방식으로 표기할지에 대한 기본적인 약속조차 제대로 정하지 못한 상태였습니다. 그나마 유럽 대륙에서 널리 쓰이던 화학 기호로 연금술사 느낌이 물씬 나는 그림 기호들이 있었지만, 이 구닥다리 그림들은 별로 유용하지 못했거든요. 이 문제에 대해 오랫동안 고민해 왔던 사람이 있었으니 바로 스웨덴의 화학자인 옌스 베르셀리우스Jöns Jacob Berzelius였습니다.

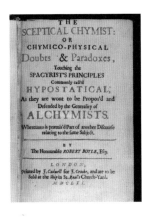

로버트 보일이 쓴 《회의적인 화학자》는 근대 화학의 시작을 알린 책으로 유명하다.

금	은	구리	철	수은
☉	☾	♀	♂	☿

연금술사의 그림 기호

베르셀리우스는 1814년 《철학연보Annals of Philosophy》라는 영국 학술지에서 라틴어로 된 원소 이름의 머릿글자를 원소 기호로 삼자고 제안했습니다. 물론 라틴어가 유럽 사람들 사이에서 입말로 쓰이지 않은 지는 꽤 오래되었지만, 여전히 유럽에서 학술 언어로 큰 힘을 발휘하고 있었기 때문입니다. 그의 말대로라면, 원소 기호가 정해지기 전에 우선 원소 이름이 라틴어로 결정되어야 했겠지요? 다행히 이 제안이 과학자들 사이에서 폭넓은 지지를 받았기에 19세기 초반 이후 많은 화학자가 논문에서 라틴어 형태의 원소 이름을 제안했습니다.

그 덕에 많은 원소, 특히 금속 원소들은 라틴어 중성 명사로서 -um, -ium의 형태로 끝나는 이름을 가지게 되었습니다. 이렇게 만들어진 원소 이름이 우리말로는 늄, 륨, 슘과 같은 글자로 끝나다 보니 화학 원소 이름만 잘 알아도 끝말잇기 게임에서 아주 유리하지요.

20세기 이후
하지만 과학자 집단의 규모가 커지고 과학 기술이 빠르게 발전하기 시작한 20세기부터는 이름을 짓는 방식이 달라질 수밖에 없었습니다. 옛날처럼 시간이 모든 걸 해결해 줄 때까지, 즉 집단적 동의와 지지를 기반으로 원소 이름이 암묵적으로 정해질 때까지 마냥 기다릴 수가 없었기 때문입니다.

특히 20세기 초·중반에는 핵화학 반응(186쪽 참고)을 통해 우라늄U보다 더 무거운 원소를 인공적으로 합성하는 연구가 큰 성과를 거두었습니다. 새로운 원소를 발견하는 일을 굉장한 성취이자 명예로 여기던 이 시기에는 모두가 눈에 불을 켜고 핵융합을 통해 새로운 원소를 합성하는 연구를 하고 있었지요. 따라서 동일한 원소를 여러 사람이 비슷한 시기에 독립적으로 발견할 가능성도 커졌습니다. 이러다가는 "내가 먼저 발견했다!", "내가 붙인 이름이 더 좋다!"라며 서로 싸움이 일어날 수도 있었습니다. 이 문제를 두고 고민한 IUPAC은 1947년 영국 런던에서 다음과 같이 선언했습니다.

…과거에는 새로운 원소의 발견자만이 이름을 지을 수 있었지만, 가끔은 비슷한 시기에 서로 다른 두 이름을 같은 원소에 붙이는 바람에 대체 어떤 이름이 먼저 지어진 것인지 알기 어려웠습니다… 이제 인공적으로 생성된 새로운 원소를 발견하는 사람에게는 이름을 붙일 권리가 주어지지만, 그 이름은 IUPAC 명명위원회의 승인을 받아야만 합니다.

IUPAC에서 규정하는 원칙에 따라, 새로 발견한 원소에는 신화 및 천체 관련 어휘, 광물, 지명, 원소의 속성, 과학자 이름 중 하나를 기반으로 하되 1~16족 원소는 -ium으로 끝나고, 17족은 -ine으로 끝나며, 18족은 -on으로 끝나는 이름을 붙이게 되었습니다. 물론 이런 원칙이 완전히 새롭게 만들어진 것은 아닙니다. 이전에도 암묵적으로 지켜지던 규칙이긴 했지만, 특히 우라늄보다 원자 번호가 큰 원소들은 이 규칙을 충실히 따르는 이름을 가지게 되었습니다.

예를 들어 2000년대 이후에 이름이 결정된 원소 중 116, 117, 118번 원소 이름은 리버모륨Lv, 테네신Ts, 오가네손Os인데 이 이름들은 각각 미국의 리버모어Livermore시, 테네시Tennessee주(이상 지명), 러시아의 핵물리학자인 유리 오가네샨Yuri Oganessian(과학자 이름)에서 온 것이지요.

우리말 원소 이름

화학이라는 학문은 유럽과 미국을 중심으로 발전했습니다. 따라서 모든 화학 용어들은 서양 언어를 기반으로 만들어졌지요. 화학 원소 이름도 마찬가지입니다. 현재 우리가 쓰는 화학 원소 이름 대부분은 서양 언어에서 유래한 것이 많습니다. 그런데 이 이름들을 자세히 알아보면 원소가 한국에 언제 소개되었는지에 따라 그 경향이 미묘하게 다릅니다. 예전부터 불러온 우리나라 원소 이름부터 일본을 거쳐 서양에서 들어온 이름까지 차례차례 살펴보겠습니다.

고대로부터 홑원소물질로 널리 사용된 원소

비파형 동검과 세형 동검은 한반도에서 발견되는 대표적인 유물입니다. 이는 곧 우리 조상들이 청동기를 다룰 줄 알았다

는 것이니 청동의 원료인 구리Cu와 주석Sn에 관해서도 잘 알고 있었다는 뜻이겠지요. 한편 한반도 남부에 자리 잡은 고대 국가인 가야伽倻는 철기 생산과 수출로 유명했습니다. 이 사실은 우리 조상들이 철광석으로부터 고품질의 철Fe을 얻어내 다양한 형태의 제품을 만들 수 있었다는 것을 말해 줍니다.

이렇듯 고대부터 홑원소물질 형태로 널리 사용된 원소들은 우리나라 문화와도 밀접한 관련이 있었기에 이들 이름에서는 서양 언어의 느낌이 전혀 나지 않습니다. 예를 들어 은Ag과 철Fe은 각각 은銀과 쇠 철鐵이라는 한자에 대응합니다. 특히 구리와 납은 현재 118종에 이르는 원소 중 단 둘뿐인 순우리말 이름이기도 합니다.

일본 학자들이 번역한 이름을 가진 원소

앞에서도 언급했지만, 일본 학자들은 다양한 번역 작업을 통해

서양의 학술 용어들을 한자어로 바꿔왔습니다. 19세기에 접어들면서 서양에 알려져 있던 여러 원소 이름도 일본어로 소개되었는데, 이 시기에 가장 중요한 역할을 했던 난학자가 바로 앞에서 소개한 우다가와 요안입니다.

우다가와 요안은 1834년에 《원서의방명물고보유遠西医方名物考補遺》라는 약학서를 썼는데, 이 책에서 네덜란드어 원소 이름인 waterstof, koolstof, stikstof, zuurstof를 번역해 水素[수이소], 炭素[단소], 窒素[짓소], 酸素[산소]와 같은 이름을 제안했습니다. 그리고 1837년에는 《사밀개종舍密開宗》이라는 번역서를 출간했습니다. 이 책에는 당시까지 알려져 있던 원소들을 한자로 음역한 이름이 소개되어 있습니다. 음역이 어떤 방식인지 대강 예를 들어 말씀드리자면, 옛 일본인들은 프랑스France라는 나라 이름을 불란서佛蘭西라고 표기했는데 이 한자를 일본식으로 읽으면 프랑스와 비슷하게 들리는 [후란스]가 됩니다. 이를 '음역어'라고 부르는데 같은 방식을 원소 이름에도 적용한 것이지요. 예를 들어 리튬Li과 스트론튬Sr의 음역어는 利知烏母, 斯多論胃母이고 일본어로 각각 [리치우무], [스토론치우무]라고 읽었다고 합니다.

잘 알다시피 19세기 후반 이후 우리나라는 국력이 쇠락한 청나라보다 메이지 유신을 통해 성공적으로 근대화를 달성한 일본의 영향을 많이 받았습니다. 경술국치 이후 대한제국이 일본 제국주의의 식민지로 전락하면서 일본 학계에서 사용되는 무수한 한자어가 발

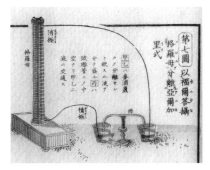

《사밀개종》에 수록된 볼타 전지의 원리
해설

음만 한국식으로 바뀐 채 그대로 한국어에 도입되었지요.

예를 들어 水素, 炭素, 窒素, 酸素와 같은 단어들은 애초에 번역 차용된 한자어였기 때문에 한국 사람들이 한국 발음으로 [수소], [탄소], [질소], [산소]로 읽어도 별로 어색하지 않았습니다. 그래서 일본 학자들이 만든 다양한 한자어 중 한국인들이 어색하지 않다고 여긴 번역 차용어들이 먼저 한국어 원소 이름 목록에 올랐습니다.

이에 반해 일본의 음역어들은 도무지 한국어와는 잘 맞지 않았습니다. 예를 들어 앞에서 언급한 리튬과 스트론튬의 음역어인 利知烏母, 斯多論胃母를 한국 발음으로 읽으면 [이지오모], [사다론수모]가 되는데, 굉장히 어색하지요? 그래서 일본어로 음역한 이름들은 일본어 느낌이 최대한 덜 나는 외래어로 다듬어진 뒤에야 한국어 원소 이름으로 채택되었습니다.

이때 일본어 원소 이름이 네덜란드어 및 독일어 이름으로부터 영향을 크게 받았기 때문에 해방 이후 한국어 원소 이름을 정할 때에는 독일어 발음이 주로 고려되었습니다. 그래서 원자 번호 3번과 38번 원소의 한국어 이름은 리치우무, 스토론치우무가 아닌 리튬, 스트론튬이 되었습니다.

대한화학회의 명명법 개정

한국어 원소 이름 체계는 1998년에 큰 변화를 맞이하게 됩니다. 이러한 변화를 이끈 단체가 대한화학회입니다. 대한화학회는 화학 분야의 학술 및 기술 발전, 교육, 화학 지식의 확산을 위해 1946년에 설립되었습니다. 여기에는 국내외에서 활동하는 화학 관련 연구자들이 가입해 있고 설립 이후 지금까지 왕성한 활동을 하고 있습니다. 이 단체가 설립된 시기에 학회에 가입했던 연구자 대부분은 일본 학계의 영향을 받은 사람들이었습니다.

하지만 이후 50년 동안 학회에 새로 가입한 사람들은 일본보다는 서구권, 특히 영어를 공용어로 사용하는 미국의 영향을 압도적으로 많이 받은 사람들이었어요. 과거 일본은 서구 문물을 우리나라에 전달하는 통로 역할을 했지만, 시간이 흐르면서 우리나라는 세계 각국과 어깨를 나란히 하며 직접 소통할 수 있었습니다. 그러다 보니 영어에 익숙해진 새로운 세대의 회원들에게는 오랫동안 국내에서 사용해 온 원소 이름이 너무 구시대적으로 보였던 것입니다.

그래서 수년간의 노력 끝에 대한화학회는 1998년《무기화합물 명명법》개정판을 내놓았습니다. 여기에서 한국어 원소 이름을 세계적으로 통용되는 IUPAC의 영어식 원소 이름과 대체로 일치하는 방향으로 바꿨지요. 이때 이름이 바뀐 원소 22개를 표로 정리했습니다. 여러분은 어떤 이름이 더 익숙한가요?

원소 기호	옛 원소 이름	새 원소 이름	원소 기호	옛 원소 이름	새 원소 이름
F	불소, 플루오르	플루오린	Sb	안티몬	안티모니
Na	나트륨	소듐	Te	텔루르	텔루륨
K	칼륨	포타슘	I	요오드	아이오딘
Ti	티탄	타이타늄	Xe	크세논	제논
Cr	크롬	크로뮴	La	란탄	란타넘
Mn	망간	망가니즈	Tb	테르븀	터븀
Ge	게르마늄	저마늄	Er	에르븀	어븀
Se	셀렌	셀레늄	Yb	이테르븀	이터븀
Br	브롬	브로민	Ta	탄탈	탄탈럼
Nb	니오브	나이오븀	Cf	칼리포르늄	캘리포늄
Mo	몰리브덴	몰리브데넘	Es	아인시타늄	아인슈타이늄

우다가와 요안

우다가와 요안은 1798년 에도(지금의 도쿄)에 파견된 의사의 아들로 태어났습니다. 요안은 13살이 되던 해에 그의 재능을 일찍 눈여겨본 쓰야마번의 의사이자 생부의 스승이었던 우다가와 겐신의 양자가 되었습니다. 당시 에도 막부는 서양 서적의 체계적인 번역이 필요하다고 여겨 만서화해어용(蛮書和解御用)이라는 번역 기관을 설립했습니다. 우다가와 요안은 1826년부터 이곳에 임용되어 일했지요.

그가 저술한 《사밀개종》은 영국의 화학자인 윌리엄 헨리William Henry가 쓴 《화학의 개요An Epitome of Chemistry》를 번역한 책입니다. 이때 우다가와 요안이 참고한 책은 이 책을 독일어로 번역한 책을 다시 네덜란드어로 번역한 책이었습니다. 그러니까 영어→독일어→네덜란드어→일본어의 순서로 번역을 거듭해서 만든 책이지요. 이 책에서 우다가와 요안은 원소 이름뿐만 아니라 다양한 화학용어들을 한자어로 번역했습니다.

과학 시간에 배우는 결정(結晶), 분산(分散), 용해(溶解), 기체(氣體), 포화(飽和), 산화(酸化)와 같은 단어도 모두 우다가와 요안이 만들어낸 것들입니다. 이런 단어들을 맨 처음 우다가와 요안이 한자어로 잘 번역해 놓은 덕분에, 한자 문화권에 속했던 화학자들이 훗날 서양 문물을 더 수월하게 받아들일 수 있었다는 평가가 있습니다.

　우다가와 요안이 화학 분야만 외국에서 번역하거나 들여온 것은 아닙니다. 식물학 서적인《보다니가경》을 번역해서 소개하기도 했지요. 책 제목인 보다니가(菩多尼訶)는 라틴어로 식물학을 가리키는 botanica[보타니카]를 음역한 것입니다. 참고로 생물학에서 주로 사용하는 용어인 세포(細胞)나 속(属) 역시 우다가와 요안이 만들어냈

에도 막부 말기에 활약한 난학자인 우다가와 요안

다고 합니다.

당시 일본인들에게는 낯선 기호식품이었던 커피를 일본어로 처음 번역한 사람도 우다가와 요안으로 알려져 있습니다. 그는 네덜란드어-일본어 사전에서 커피를 음역해 珈琲[코히]라고 썼다고 합니다. 19세기 말 우리나라에 전래된 커피를 고종 황제가 가배차(珈琲茶)라고 부르며 무척 좋아했다는 사실 역시 잘 알려져 있지요.

우다가와 요안은 그야말로 모든 분야를 넘나들며 서양 지식을 들여오는 데 평생을 바친 셈입니다. 단순히 외국어를 잘한다거나 번역만 열심히 한다고 해서 이룰 수는 없는 업적이지요. 다양한 학문에 조예가 깊었던 우다가와 요안을 화학자로 소개할 수 있는 이유입니다.

2장

인간의 역사를 만든 7가지 금속

구리Cu

납Pb

주석Sn

금Au

은Ag

철Fe

수은Hg

금, 은, 구리, 쇠, 주석, 납 같은 불에 타지 않을 것은
불에 넣었다 꺼내면 깨끗해지지만,
다시 더러움을 씻는 물로 부정을 벗겨야 한다.

— 《구약성서》 〈민수기〉 31장 중

인간이 다른 동물과 구별되는 가장 큰 특징은 의도를 가지고 도구를 만들 거나 다룰 줄 안다는 것입니다. 그 도구를 구성하는 재료와 가공 방식이 바뀌는 시기마다 인간 사회는 어김없이 큰 변화를 맞이했지요. 구석기 시 대와 신석기 시대, 청동기 시대, 철기 시대는 모두 이런 변화를 기준으로 시대를 구분하기 위해 덴마크의 고고학자인 크리스티안 톰센Christian Jürgensen Thomsen이 만들어낸 말입니다.

그런데 이 용어에 등장하는 청동과 철은 모두 우리가 알고 있는 금속 원소들과 깊은 연관이 있습니다. 다시 말해 구리나 철 같은 것들은 지금 으로부터 2000년도 훨씬 지난 옛날부터 유럽 사람이든 중국 사람이든 익히 알고 있는 원소였지요. 그래서 이 원소들은 이름이 언어별로 무척 다양합니다.

한국어	중국어	일본어	영어	프랑스어	독일어
구리	铜	銅	Copper	Cobre	Kupfer
납	铅	鉛	Lead	Plomb	Blei
주석朱錫	锡	錫	Tin	Étain	Zinn
금金	金	金	Gold	Or	Gold
은銀	银	銀	Silver	Argent	Silber
철鐵	铁	鉄	Iron	Fer	Eisen
수은水銀	汞	水銀	Mercury	Mercure	Quecksilber

이제 사람들이 오래전부터 알고 있던 이 일곱 가지 금속 원소들의 이름 과 특징을 함께 알아보도록 하겠습니다.

구리^{Cu}

구리는 전 세계적으로 인류가 제련 과정을 거쳐 홑원소물질로 사용한 최초의 금속 원소라고 할 수 있습니다. 다른 금속이 아닌 구리가 그 자리를 꿰찰 수 있었던 이유는 녹는점이 1,085℃ 정도로 낮은 편이기 때문입니다. 초보적인 수준에서 불을 다루던 옛날 사람들도 광석으로부터 구리 금속을 비교적 쉽게 얻어낼 수 있었다는 뜻이지요.

구리는 전기가 잘 통하는 도체(導體)로 유명합니다. 그래서 우리가 흔히 쓰는 전선의 피복을 벗기면 쉽게 구리 금속을 찾아볼 수 있습니다. 금속 중에서 전기를 가장 잘 전달하는 것은 은_{Ag}이지만, 은은 비싸고 쉽게 산화되기 때문에 비교적 싸고 산화 저항성이 높은 구리가 도선 재료로 많이 쓰입니다.

그런데 순수한 구리 금속을 살펴보면, 보통 은백색을 띠는 다른 금속과는 달리 약간 붉은 기운이 감도는 것을 알 수 있습니다. 흥미롭게도 구리라는 순우리말 원소 이름이 바로 구리의 이 붉은 색깔에서 유래했습니다. 연구에 따르면 옛날 우리나라 사람들은 불을 '굳' 혹은 '굴'이라 불렀다고 합니다. 여기서 파생된 단어들이 구들, 그을리다, 굽다, 굴뚝, 그릇처럼 불과 관계가 있는 단어들이지요. 그래서 붉은 금속이라는 뜻으로 '굴'에서 파생된 구리라는 이름이 생겨났다고 합니다.

영어로는 구리를 copper[커퍼]라고 하는데, 이건 라틴어 단어 cuprum[쿠프룸]에서 온 단어입니다. 청동기 시대 유럽에서 청동 생산으로 가장 유명했던 곳은 지중해에 있는 키프로스Cyprus섬입니다. 구리가 많이 나오던 키프로스섬에 주석Sn과 목탄이 공급되면서 많은 청동을 만들 수 있었다고 합니다. 그래서 키프로스섬을 일컫는 라틴어 단어인 cyprium[퀴프리움]이 변해 구리를 의미하는 단어 cuprum이 되었다고 해요. 이 단어의 첫 두 글자인 Cu가 현재 구리의 원소 기호로 정해졌지요.

구리에 대응하는 한자는 바로 구리 동銅인데, 구리와 관련된 많은 단어에서 찾아볼 수 있습니다. 예를 들면 구리 광석을 동광(銅鑛)이라고 하고, 구리판에 새겨 만든 판화를 동판화(銅版畵)라고 합니다. 구리와 함께 다른 금속을 섞어 만든 합금의 이름에서도 '동'을 찾아볼 수 있는데, 주석 합금을 청동(靑銅), 아연Zn 합금을 황동(黃銅), 니켈Ni 합금을 백동(白銅)이라고 합니다.

하지만 그 무엇보다도 친숙한 단어는 아마 동전(銅錢)일 것입니다. 사실 동서양을 막론하고 화폐를 만들 때 가장 많이 사용한 금속이 바로 구리입니다. 현재 우리나라에서 쓰는 동전도 예외는 아닙니다. 2023년 기준으로 10원, 50원, 100원, 500원 동전에는 구리가 각각 48%, 70%, 75%, 75% 포함되어 있습니다. 심지어 베트남은 화폐

단위 자체가 구리를 뜻하는 단어 dong[동]이지요.

미국의 소설 《큰바위 얼굴Great Stone Face》에서 주인공인 어니스트는 큰바위 얼굴을 닮은 사람과 만나기를 기대하는데, 그가 처음 기대를 품고 만난 사람은 재산이 많았던 상인인 개더골드(Gathergold)였어요. 개더골드란 '금화를 긁어모으는 사람'이라는 의미를 지닌 이름입니다. 하지만 그의 실제 모습에 실망한 주인공은 개더골드가 아니라 스캐터코퍼(Scattercopper)라고 부르는 것이 꼭 맞을 것 같았다고 평가했지요. 여기서 스캐터코퍼를 직역하면 '구리를 뿌리는 사람'인데, 여기서의 코퍼는 구리가 아니라 동전을 의미합니다. 서양 문화권에서도 구리는 통용되는 주화의 주재료였던 셈이지요.

이처럼 구리는 순수한 형태나 합금으로 전자, 전기, 자동차, 건

우리나라에서 쓰는 10원, 50원, 100원, 500원짜리 동전에는 구리가 각각 48%, 70%, 75%, 75% 포함되어 있다.

설 등 다양한 산업 분야에 널리 쓰입니다. 이 때문에 전 세계에서 거래되는 구리의 가격을 보면 세계 경제가 좋을지 나쁠지 예측할 수 있을 정도라고 합니다. 그래서 붙은 별명이 바로 닥터 코퍼(Dr. Copper)라는군요. 이 정도면 3등 선수가 받는 동메달도 금이나 은 못지않게 값지다는 생각이 듭니다.

납 Pb

요즘은 거리에서 전기차를 많이 볼 수 있지만, 여전히 우리 주변에는 휘발유나 경유를 연료로 삼아 움직이는 자동차가 많습니다. 이런 자동차들은 열쇠를 꽂고 돌려주거나 버튼을 눌러 시동을 걸어야만 비로소 움직일 수 있는데, 이 시동 과정에서 전기 에너지를 공급해 주는 것이 바로 자동차 배터리입니다. 그런데 이 배터리가 납으로 만들어진 납 축전지란 사실을 알고 계셨나요?

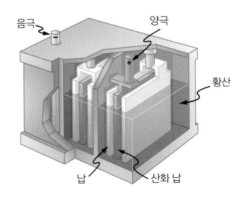

납과 산화 납PbO$_2$을 전극으로 하는 축전지의 구조. 1859년 프랑스의 가스통 플란테Gaston Planté가 최초로 발명했다.

납 역시 인류가 오래전부터 사용했던 금속입니다. 납은 녹는점이 327°C 정도로 다른 금속들에 비해 낮고, 귀금속인 은Ag이 묻혀 있는 곳에 십중팔구 함께 있었기 때문에 쉽게 얻을 수 있었습니다. 이렇게 얻은 납은 굉장히 부드러운 데다가 망치로 두드리면 쉽게 펴졌습니다. 이런 성질을 전성(展性) 혹은 펴짐성이라고 부릅니다. 고대 로마 사람들은 전성이 좋은 납으로 집 안에 설치할 수도관을 만들었다고 합니다.

로마 사람들은 납을 라틴어로 plumbum[플룸붐]이라고 불렀는데, 영어로 배관, 배관공을 각각 plumbing, plumber라고 하는 것은 모두 납으로 수도관을 만들던 로마 시대 문화와 연관이 있었던 것이지요. 그리고 이 라틴어 단어에서 두 글자를 따온 Pb는 납의 원소 기호가 되었습니다.

우리말 원소 이름인 납은 원래 [랍]이라는 발음을 가진 한자 땜납 랍鑞에서 왔다고 합니다. 구멍을 메우거나 금속 간 연결을 하는 것을 땜질이라고 하는데, 본래 이 한자는 땜질을 할 때 쓰는 주석Sn 혹은 주석에 납이 섞인 금속을 일컫는 글자였지요. 조선 시대에는 관청에서 땜질을 전문적으로 하는 장인을 납장(鑞匠)이라 부르고, 경연관의 관원들에게 주석으로 만든 납패(鑞牌)를 차게 했다고 합니다. 이를 보면 우리나라 선조들은 납과 주석을 엄밀하게 구별해서 쓰지는 않았던 것으로 보입니다.

우리말 한자어 발음에 두음법칙이 적용되다 보니 사람들은 보

공기 중에서 푸른빛을 잃고 회색빛을 띠는 납의 모습. 흑연과 생김새가 매우 비슷해서 옛날 사람들은 납과 흑연을 착각하곤 했다.

통 이 한자를 [납]이라고 발음했는데, 언젠가부터 이 단어가 원래 한자어였다는 사실을 사람들이 점점 잊게 되었습니다. 그러다 마침 주석과 구별할 필요성이 생긴 이 금속의 이름이 아예 순우리말 납으로 굳어지게 되었다고 하는군요. 마치 '다리가 얽혀 있다'라는 뜻을 가진 한자어 낙제(絡蹄)가 순우리말 단어 낙지로 변한 것처럼 말이지요.

오늘날 납에 대응하는 한자는 땜납 랍鑞이 아니라 납 연鉛인데, 재미있게도 이 글자는 납과는 전혀 관련이 없을 것처럼 보이는 연필(鉛筆)이라는 단어에 쓰이고 있습니다. 원래 납은 푸르스름한 색을 띠지만, 공기 중에서는 금방 빛을 잃은 회색이 됩니다. 그래서 영국 사람들은 자연에 묻혀 있던 시커먼 흑연을 처음 발견했을 때 이

것을 검은 납으로 오해해서 'black lead'라고 불렀습니다. 이를 한자어로 옮긴 것이 바로 흑연(黑鉛)이지요. 그 뒤 흑연이 무언가를 종이 위에 쓸 때 유용하다는 것을 알아낸 독일 사람들은 이것을 가지고 펜과 비슷한 도구를 만들었습니다. 이 도구가 바로 독일어로 납(Blei)으로 된 펜(Stift)이라는 뜻을 가진 Bleistift[블라이슈티프트]였고 이게 한자어로 번역된 말이 연필입니다.

한편 납은 금속 중에서도 비중이 큰 것으로 유명합니다. 같은 부피의 물에 비해 무려 11.34배나 무겁지요. 그래서 예전부터 상대편에 큰 충격과 피해를 입히는 것이 목적인 총이나 대포의 탄환을 납으로 만들었다고 합니다.

또한 잠수부들은 물에 쉽게 가라앉도록 납이 달린 벨트를 차고 바닷속으로 들어가곤 합니다. 이처럼 무거운 납의 특성은 우리말 사전에 올라와 있는 '납덩이같다'라는 단어에서도 찾아볼 수 있습니다. '몸이 몹시 피곤해서 아주 나른하다'라는 뜻이라는데, 온몸에 무거운 납덩이를 두른 채 산다고 생각하면 정말 피곤하고 힘들 것 같지 않나요?

주석 Sn

◇◇◇◇◇◇◇◇◇◇◇◇◇◇

청동의 필수 재료인 주석은 구리Cu와는 달리 특정 지역에서만 얻을 수 있는 귀한 금속이었습니다. 그래서 청동기 시대 사람들은 주석을 구하는 데 혈안이 되어 있었다고 합니다. 심지어 고대 그리스 사람들은 본토로부터 아주 멀리 떨어진 잉글랜드에서 주석 광석을 수입했다고 하니 주석을 얻으려고 무척 노력했다는 사실을 알 수 있습니다. 주석은 녹는점이 납보다도 낮은 232°C라서 주석 광석만 많이 가지고 있다면 열을 가해 쉽게 주석을 뽑아낼 수 있었습니다.

하지만 얻기 쉬운 것과 별개로, 화학에 대한 이해가 부족했던 옛날에는 납이나 주석이나 녹는점이 낮아서 가열하면 빠르게 녹아 나오는 것이 매한가지라 다 비슷한 물질이라고 생각했던 모양입니다. 주석의 다른 이름이 '상(上)납'이라는 것을 봐도 오래전부터 우리 조상들은 납과 주석을 비슷한 금속으로 여겨왔다고 할 수 있지요.

옛날 로마 사람들도 두 금속이 색깔만 다르다고 생각해서 납은 plumbum nigrum(검은 납), 주석은 plumbum album(흰 납)이라고 불렀다고 합니다. 훗날 두 금속이 다르다는 것을 알게 된 로마 사람들은 주석이 가열되면 이내 녹아서 방울진 채 뚝뚝 떨어진다는 것에 착안해 주석을 stannum[스탄눔]이라고 불렀습니다. 이 이름에서 주석의 원소 기호인 Sn이 만들어졌지요.

그런데 우리말 이름 주석(朱錫)은 앞 글자가 붉을 주朱라는 점에서 뭔가 수상합니다. 주석은 은백색 금속이라 전혀 붉지 않은데 어째서 이런 이름이 지어진 것일까요? 1572년 아이들의 한자 교육을 위해 만들어진 학습서인《훈몽자회訓蒙字會》에서는 錫을 '납 셕'으로, 鍮를 '듀셕 듀'로 설명하고 있습니다. 그런데 요즘 한자사전을 찾아보면 錫은 '주석 석'으로, 鍮는 '놋쇠 유'라고 나와 있지요. 그래서 원래 놋쇠, 즉 황동을 뜻하는 단어였던 鍮石[듀셕]이라는 단어가 시간이 흐르면서 朱錫[주석]으로 바뀌었고, 동시에 이 단어가 가리키는 금속도 황동이 아닌 원자 번호 50번의 금속인 주석으로 바뀌게 된 것이라는 설이 있습니다.

주석은 잘 녹슬지 않고 인체에 해롭지도 않다는 장점이 있습니다. 그래서 제2차 세계대전 시기에는 주석을 얇게 펴서 포일 형태로 만든 주석박(tin foil)을 음식 밑에 깔거나 음식을 포장할 때 쓰곤 했습니다. 요즘은 이런 포일을 만들 때 쓰는 금속을 거의 알루미늄Al으로 대체했지만, 영어로는 알루미늄 포일을 여전히 tin foil이라고 부르는 경우가 많습니다.

깡통 안에 오랜 기간 음식을 보관해야 할 때 깡통이 철판으로 되어 있으면 음식물에 의해 쉽게 부식됩니다. 그래서 통조림용 깡통은 부식을 막고자 주석이 도금된 철판으로 만듭니다. 이렇게 주석을

입힌 철Fe은 서양에서 건너
온 철이라는 뜻으로 양철(洋
鐵)이라고 부르는데, 양철은
통조림뿐만 아니라 석유를
담는 통과 장난감 등에도 널
리 쓰이고 있지요.

주석이 도금된 양철판

하지만 주석은 추운 날
씨가 계속되면 형태가 심하
게 변형된다는 문제가 있었습니다. 이는 주석 원자들이 낮은 온도에
서 배열을 서서히 바꾸면서 일어나는 현상인데, 이러한 변화의 결과
주석이 쉽게 바스러지게 되었던 것입니다. 마치 주석이 병에 걸린
것과 같다 해서 사람들은 이를 주석병(tin pest)이라고 불렀습니다.

특히 겨울철 온도가 무척 낮았던 북유럽과 러시아에서 이 문제
가 심했습니다. 당시 교회에 쓰이던 오르간의 파이프는 주석으로 만
들어졌는데, 시간이 지나면서 점점 색깔이 변하더니 파이프가 모두
부서져 오르간이 망가지는 사고가 많이 일어났습니다.

남극을 탐험하기 위해 떠난 영국의 로버트 스콧Robert Falcon Scott
과 그 일행들이 마침내 남극점에 도달했지만 살아 돌아오지 못한
것도 주석병 때문이라는 얘기가 있습니다. 일설에 따르면 당시 스콧
일행이 음식과 연료 등을 담기 위해 챙겨 간 통이 주석 땜납으로 밀
봉되어 있었다고 하는데, 남극의 추위에 그만 땜납이 바스러지고 말

았다고 합니다. 통 안에 들어가 있던 음식과 연료를 못 쓰게 되자 영국의 탐험대는 극한의 배고픔과 추위에 시달리다가 결국 전원 동사 했습니다.

오늘날 주석은 녹는점이 비슷한 납과 섞어 합금을 만드는 데 굉장히 많이 쓰이고 있습니다. 전자 부품을 기판에 고정하고 회로를 연결할 때 쓰는 땜납은 주석과 납이 일정 비율로 섞인 합금이지요. 이렇게 주석은 구리, 철, 납 등 많은 다른 금속과 섞여 다양한 소재로 만들어지고 있습니다.

금

앞에서 소개한 구리Cu, 납Pb, 주석Sn은 비교적 녹는점이 낮아서 광석에서 뽑아내 제련하기가 쉬웠습니다. 그래서 이른 시기부터 사용할 수 있었지요. 이 원소들만큼이나 옛날 사람들이 일찍 사용했을 거라고 추측하는 원소가 있으니, 그것이 바로 금입니다. 금은 제 모습을 감추고 있던 다른 금속들과 달리 모래나 바위에서 반짝이며 순수한 원소 상태 그대로 사람들에게 발견되곤 했습니다.

금이 눈에 잘 띈 이유는 다른 물질과 화학 반응을 별로 하지 않는 독특한 금속이기 때문입니다. 따라서 금으로 만든 물건은 공기중에 오랫동안 놓아두어도 산소O와 반응하지 않기에 녹이 슬지 않았습니다. 그래서 예전부터 사람들은 변치 않는 노란빛을 찬란하게 내뿜는 금을 귀하게 여겼지요.

금은 색깔만 멋진 게 아니었습니다. 1/10000mm 두께의 금박으로 얇게 펼 수 있을 정도로 전성이 뛰어나고, 금 1g을 양쪽에서 쭉 잡아당기면 길이 2km가 넘는 실을 만들 수 있을 정도로 연성(延性. 뽑힘성)도 좋은 금속이었습니다. 그러니 금만 있으면 온갖 기기묘묘한 장식품들을 쉽게 만들 수 있었지요. 이런 특성 때문에 고대의 군

주와 귀족들은 금으로 만든 장신구나 관 등을 적극적으로 사용했습니다. 이렇게 높은 가치를 지닌 금이 화폐로 널리 쓰이는 것은 어찌 보면 당연한 일이었습니다.

로마 사람들은 금의 노란색에 매료되었고, 이 금속이 태양과 같은 빛을 발산한다는 뜻에서 aurum[아우룸]이라고 불렀다고 합니다. 이 단어의 첫 두 글자인 Au는 금의 원소 기호가 되었지요. 이 단어는 프랑스로 건너가 or[오르]라는 단어가 되었는데, 아마 축구를 좋아하는 분들은 발롱도르(Ballon d'Or)라는 말을 들어본 적이 있을 것입니다. 발롱도르는 한 해 동안 가장 뛰어난 활약을 선보인 축구선수에게 주어지는 상입니다. 발롱도르가 프랑스어로 '금빛 공'이라는 뜻이니 정말 금빛처럼 찬란한 경기 실력을 보여준 선수들이야말로 이 트로피를 받을 만하다는 의미겠지요.

청나라 3대 황제인 순치제順治帝의 초상화. 중국에서는 노란색을 황제의 색깔로 인식해 수나라 이후 황제들은 노란 옷을 입었다.

아시다시피 금은 한자 쇠 금金의 음입니다. 삼국시대 신라의 수도였던 경주는 과거 서라벌이라고 불렸는데, 서라벌이라는 말이 '쇠의 땅'이라는 뜻의 쇠벌에서 온 말이며 이를 한자로 금성(金城)이라 썼다는 설이 있습니다. 고대의 한자사전에 해당하는《설문해자說文解字》에 따르면, 금(金)은 원래 서로 다른 다섯 색깔의 금속을 통틀어 부르는 이름이었다고 합니다. 마치 우리말에서 철Fe뿐만 아니라 모든 금속을 '쇠'라고 통틀어 부르는 것처럼요.

그런데 동양에는 오방색(五方色)이라는 개념이 있습니다. 여기서 색깔은 특정 방향을 상징하는데, 그중 노란색은 중앙을 의미합니다. 안 그래도 특별한 성질 덕분에 귀한 금속 대접을 받았던 황금은 오방색의 위치로 인해 쇠 금金이라는 한자가 나타내는 다섯 가지 금속의 대표 격으로 인식되었고, 원래는 청동을 의미하는 단어로 추측되던 金의 의미가 바뀌어 지금에까지 이르렀다고 합니다.

그렇다면 금은 단지 사치스러운 장식품을 만드는 데만 사용할까요? "황금 보기를 돌같이 하라"라고 하신 최영 장군님께서도 요즘 각종 산업 분야에서 금이 어떻게 쓰이는지 직접 보셨다면 했던 말씀을 취소하시지 않을까 생각합니다. 우선 금은 빛과 전파를 차단하는 성질이 있어 항공 우주 분야에서 널리 쓰입니다. 전

오방색의 위치와 관계

도성이 높고 가공도 쉬워서 우리가 매일 쓰는 전자 기기의 각종 부품과 회로에는 비록 소량이지만 금이 반드시 들어가 있지요.

알려진 바에 따르면 폐휴대폰 1톤에서 금을 400g 정도 추출할 수 있다고 하는데, 보통 금광석 1톤으로부터 금을 5g 정도 얻을 수 있는 것에 비하면 효율이 월등히 높습니다. 그래서 버려지는 전자 기기를 잘 처리할 수만 있다면 금광에서 금을 얻는 것보다 금을 더 경제적으로 추출할 수 있지요. 이런 시설을 도시 광산(urban mine)이라고 부릅니다. 2020 도쿄 올림픽과 패럴림픽 시상에 쓰인 수많은 금메달이 모두 도시 광산에서 추출한 금으로 만들어졌다고 합니다. 희귀하고 값비싸서 멀게만 느껴졌던 금이지만, 사실은 우리 생활 전반에서 실용적인 목적으로도 정말 많이 쓰이고 있습니다.

전자 기기의 각종 부품에는 소량의 금이 포함되어 있다.

은 Ag

◇◇◇◇◇◇◇◇◇

흰 광택을 내는 은의 이름은 한자 은 은銀의 음에서 왔습니다. 은은 비록 금Au의 높은 가치에는 미치지 못하지만 그래도 꽤나 귀한 대접을 받는 금속입니다. 실제로 은으로 만든 접시와 수저, 술잔은 최상류층 집안에서나 볼 수 있는 진기한 물건이었습니다. 부유한 사람을 의미하는 영어 속담으로 "입에 은수저를 물고 태어났다(born with a silver spoon in one's mouth)"라는 표현이 있을 정도이지요.

하지만 은도 금과 마찬가지로 사치품에만 쓰이는 귀금속은 아닙니다. 은 역시 산업적으로 굉장히 많이 쓰이는데, 전기 전도성이 무척 좋아서 각종 전기·전자 제품에 많이 사용합니다. 특히 실버 페이스트(silver paste)는 은 가루를 페인트처럼 바를 수 있게 만든 제품으로 기판에 회로를 만들거나 전기가 잘 통하는 접착면을 만들 때 쓰입니다. 재생 에너지를 향한 관심이 높아진 뒤로는 태양광 발전 패널을 만들 때 주로 사용한다고 합니다.

은은 세계 경제의 흐름을 바꾼 금속이

실버 페이스트

기도 합니다. 스페인 제국은 아메리카에 진출해 식민지를 세우고 이 지역에서 은을 대규모로 채굴했습니다. 이때 어마어마한 양의 은이 유럽으로 쏟아져 들어왔는데, 이로 인해 유럽의 무역과 시장이 큰 변화를 맞이했습니다. 당시 아메리카 대륙에서 가장 유명했던 은광이 바로 현재 볼리비아의 포토시Potosí에 있는 은 광산입니다. 1545년에 채굴이 시작된 이후 265년 동안 여기서 생산된 은이 같은 기간 전 세계의 은 생산량 중 20%를 차지했다고 하니 정말 놀라울 뿐입니다.

그런데 이 광산이 개발되기 전부터 유럽 사람들 사이에서는 남아메리카 어딘가에 거대한 은 광산이 있다는 소문이 돌았던 모양입

포토시 은광에서 노동하는 남아메리카 원주민을 그린 그림. 고된 노동과 열악한 환경으로 많은 원주민이 광산에서 목숨을 잃었다.

니다. 실제로 16세기 초 남아메리카에 도착한 베네치아 탐험가는 원주민에게 은으로 된 작은 장식품을 받은 뒤, 자신이 타고 올라간 강 이름을 스페인어로 '은의 강'이라는 뜻의 라플라타강Río de la Plata이라고 지었습니다. 그 강을 따라가면 말로만 들었던 전설의 광산을 만날 수 있으리라 기대한 것이겠지요.

훗날 라플라타강 지역 사람들은 스페인 제국으로부터 독립했는데, 그때부터 지금까지 그곳에서 명맥을 이어온 나라가 바로 지금의 아르헨티나Argentina입니다. 라플라타강을 라틴어로 쓰면 Flumen Argenteum[플루멘 아르겐테움]입니다. 그래서 오래전부터 사람들은 이 지역을 '은의 땅'이라는 의미의 라틴어로 Argentina[아르겐티나]라고 불러왔지요. 이를 스페인어식으로 읽은 이름이 바로 아르헨티나입니다.

그렇다면 은을 라틴어로 뭐라고 하는지도 유추할 수 있겠지요? 바로 아르헨티나와 비슷해 보이는 argentum[아르겐툼]입니다. 여기에서 은의 원소 기호인 Ag가 정해졌습니다. 이 라틴어 이름은 원래 고대 인도 언어인 산스크리트어로 '빛'을 의미하는 단어에서 유래했다고 알려져 있습니다. 아마도 빛을 받은 은이 내뿜는 밝은 은백색 광택을 보고 이런 이름을 붙인 게 아닐까 생각합니다.

유럽 국가들은 신대륙에서 굴러 들어온 은을 중국과 무역할 때 사용했는데, 어찌나 많은 은이 중국으로 들어왔는지 한 해에 250톤을 넘길 정도였다고 합니다. 그 결과 명나라~청나라 시대 중국에서는 은이 화폐로 활발하게 유통되었고, 심지어는 세금을 은으로 납부하기에 이르렀습니다.

당시 은을 취급하는 상인들은 편의상 금융 거래를 전문적으로 하는 조합을 만들었고, 그것을 銀行[인항]이라고 불렀습니다. 이 단어가 우리나라에 그대로 전해지면서 은행(銀行)이 되었지요. 왜 은행이라는 이름에 더 값비싼 금이 아닌 은이 들어가 있는지, 그 이유를 이제는 이해할 수 있겠지요?

철Fe

철은 한자 쇠 철鐵의 음입니다. 우리가 금속 물질을 생각하면 떠올리는 가장 대표적인 원소가 바로 이 철이지요. 알려진 바로는 옛날 사람들이 청동을 만들려고 제련을 하다가 구리 광석 대신 철광석을 집어넣는 실수를 한 덕분에 철을 발견했다고 합니다. 사실 철은 지각을 구성하는 원소 중 네 번째로 많은 원소입니다. 지구 곳곳에 풍부하게 분포되어 있어 어디에서나 철광석을 비교적 쉽게 얻을 수 있습니다.

다만 철은 공기 중의 산소0와 쉽게 결합하기 때문에 지구에 묻혀 있는 철광석은 대부분 산화물 형태로 존재합니다. 구체적인 예를 들면 자철석은 Fe_3O_4, 적철석은 Fe_2O_3, 갈철석은 $FeO(OH) \cdot nH_2O$로 구성되어 있지요. 그래서 철광석으로부터 철을 뽑아내는 과정인 제철의 핵심은 산소를 제거하는 '환원 반응'입니다. 과거에는 나무로 만든 목탄을 함께 넣고 가열했지만, 지금은 석탄으로 만든 코크스(coke)를 써서 더 효율적으로 철을 얻습니다.

우리나라에는 포항과 광양에 세계적인 규모의 제철소가 있고, 발전된 제철 기술을 바탕으로 많은 양의 철을 생산하고 있습니다.

그런데 순수한 철은 우리가 일상에서 접하는 철과 달리 무르고 약하다는 사실, 알고 계셨나요? 그래서 제철소에서 주로 생산하는 것은 순철이 아니라 철에 탄소c를 일정 비율 섞어서 강하고 단단하게 만든 강(鋼)입니다. 이렇게 만든 철강 제품은 자동차, 조선, 건축, 기계, 전자 등 현대 산업 전반에 폭넓게 쓰입니다. '한국의 철강왕'으로 불리는 박태준 포스코 명예회장은 이런 말을 남겼다고 합니다.

포스코 광양제철소에서 철광석을 녹여 쇳물을 만드는 모습

철은 산업의 쌀입니다. 쌀이 생명과 성장의 근원이듯, 철은 모든 산업의 기초 소재입니다.

철은 라틴어로 ferrum[페룸]이라고 하며 철의 원소 기호 Fe가 바로 ferrum의 첫 두 글자입니다. 한편 라틴어의 영향이 짙게 남아 있는 이탈리아어로는 철을 ferrum과 비슷한 ferro[페로]라고 하는데, 망치로 새빨갛게 달군 철을 두드리며 제품을 만드는 대장장이는 fabbro ferraio[팝브로 페라이오]라고 합니다. 여기에서 이탈리아의 흔한 성씨이자 명품 자동차 브랜드로 유명한 페라리Ferrari가 나왔지요. 대장장이를 뜻하는 영단어 blacksmith[블랙스미스]에서 영어권 나라의 흔한 성씨인 스미스Smith가 나온 것처럼요.

철이 다양한 산업 분야에서 널리 쓰이다 보니 원소 이름 역시 수많은 단어에 활용됩니다. 독일어로 철을 eisen[아이젠]이라고 하는데 어디선가 들어본 적이 있지 않나요? 주로 등산할 때 쓰는 날카로운 가시가 박힌 밑창을 아이젠이라고 부르지요. 이 말은 '등산에 쓰이는 철제 구조'를 의미하는 Steigeisen[슈타이크아이젠]에서 온 이름이라고 합니다. 이 eisen은 영어로 건너가면서 iron[아이언]이 되었는데, 영단어 iron은 다리미, 골프채, 족쇄, 수갑 등 철로 만든 여러 물건들을 가리키는 의미로 다양하게 쓰이고 있습니다.

철은 우리 몸에서도 없어서는 안 될 중요한 원소입니다. 당장 우리 몸 구석구석 산소O를 운반하는 적혈구에 철이 있습니다. 그래서 몸에 철분이 부족하면 피로감을 느끼고 기력이 떨어지는 증상을 겪기 쉬운데, 이것이 바로 빈혈입니다. 철을 포함한 단백질을 헤모글로빈(hemoglobin)이라고 하며 헤모글로빈의 색깔이 붉기 때문에 우리 몸을 흐르는 피 역시 붉습니다. 그런데 놀라운 것은, 앞서 설명했던 영어로 철을 의미하는 단어인 iron은 영어의 조상 격에 해당하는 인도유럽조어로 '피'를 의미하는 단어에서 유래했다고 합니다. 옛날 사람들은 피에 철이 있다는 사실을 알았던 걸까요? 아니면 기묘한 우연의 일치일까요?

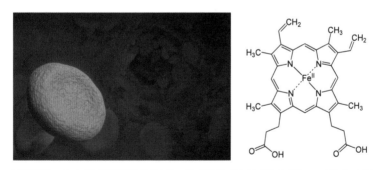

적혈구의 모습과 헤모글로빈의 화학 구조. 철 이온은 헤모글로빈 속 헴(heme)이라는 색소 분자 가운데에 자리 잡고 있다.

수은 Hg

⬥⬥⬥⬥⬥⬥⬥⬥⬥⬥⬥⬥

수은의 치명적인 독성은 아마 여러분도 익히 들어 알고 있을 것입니다. 서양에서는 모자 장수들이 펠트(felt. 동물의 털로 만든 천)를 가공하다가 다량의 수은 증기를 들이마시고 정신 이상을 일으키는 일이 종종 있었습니다. 이를 보고 "모자장수들처럼 미쳤다(mad as hatters)"라는 표현이 있을 정도로 수은의 독성은 악명이 높았지요. 1960년대 일본의 미나마타水俣에서는 그곳 주민들에게 집단적으로 심각한 신경 손상 증세가 발생했습니다. 원인은 공장에서 유출된 메틸수은 화합물 때문이었고, 이는 전 세계 사람들에게 큰 충격을 주었습니다.

수은의 독성은 고대에 주사(朱沙)라고 하는 광물을 사용할 때부터 인류와 늘 함께했습니다. 주사는 붉은색의 황화 수은 HgS 광물인데, 예부터 사람들은 이 주사를 잘 빻은 뒤 정제해서 붉은색 물감을 만드는 안료로 사용했습니다. 무속인들이 부적을 그릴 때 쓰는 빨간 물감이 바로 주사입니다. 아마 동물이나 곤충들이 수은 화합물을 본능적으로 거부하는 것을 보고 주사에 영험한 힘이 깃들었다고 믿었던 모양입니다.

이 주사를 가열하면 기체가 발생하는데, 이것을 식혀서 응축시키면 상온에서 액체 상태로 존재하는 수은을 얻을 수 있습니다. 이렇게 얻은 수은으로 다른 금속들을 쉽게 녹여 합금인 아말감(amalgam)을 만들곤 했습니다. 이 특성을 가장 효과적으로 활용한 기술이 바로 도금입니다. 예를 들어 금Au을 수은에 녹인 뒤 청동으로 만든 불상에 잘 펴 바르고 가열하면, 수은은 증발하고 금만 불상 표면에 남아 번쩍번쩍 빛이 나는 금불상을 만들 수 있었지요. 물론 이 과정에서 많은 장인이 수은 중독에 걸려 건강을 잃고 말았습니다.

　수은은 굉장히 유용한 금속이었지만 우리나라는 항상 중국, 일본, 아라비아 등지에서 수은을 수입해야 했습니다. 그러다가 1491년에서야 주사를 가열해서 수은을 얻는 방법을 자체적으로 터득한 끝에 비로소 수은을 생산할 수 있었습니다.

주사의 모습. 옛날 사람들은 주사로 붉은색 물감을 만들어 사용했다.

《조선왕조실록朝鮮王朝實錄》에서 이 금속을 수은(水銀)이라고 기록한 것으로 보아, 수은이라는 이름은 중국과 일본뿐만 아니라 우리나라에서도 오래전부터 쓰인 이름이라는 것을 알 수 있습니다. 즉 동아시아 사람들 모두 수은이 '물처럼 흐르는 은백색 금속'이라는 점에 착안해서 이와 같은 이름을 붙였던 것이지요.

이런 생각은 서양에서도 비슷하게 했던 것 같습니다. 고대 그리스 사람들은 수은을 부를 때 '물'을 의미하는 단어 hydōr[휘도르]에 '은'을 뜻하는 단어 argyros[아르귀로스]라는 단어를 합쳐 hydrárgyros[휘드라르귀로스]라고 불렀습니다. 로마 사람들은 이 단어를 그대로 들여와서 hydrargyrum[휘드라르귀룸]이라고 불렀는데, 바로 여기에서 수은의 원소 기호인 Hg가 만들어졌습니다.

원래 라틴어로는 수은이 마치 살아 있는 것처럼 흘러 다닌다고 해서 '살아 있는 은'이라는 뜻의 argentum vivum[아르겐툼 비붐]이라 불렀다고 합니다. 이 영향으로 현대 독일어에서도 똑같이 수은을 살아 있는 은이라는 뜻인 Quecksilber[크벡질버]라고 부르고, 이것이 영어에 유입되면서 quicksilver[퀵실버]가 되었습니다. 하지만 보통 수은을 영어로 뭐라고 하는지 찾아보면 mercury[머큐리]라는 단어가 등장합니다. 그런데 이 단어는 태양과 가장 가까운 거리에 있는 행성인 수성(水星)이 아니던가요?

얼핏 엉뚱해 보이는 이 명칭은 서양 중세 문화와 연관이 깊습니다. 서양의 연금술사들은 천문 현상이 인간 세계의 일에 영향을 끼친다고 생각해 당시 널리 알려져 있던 일곱 천체를 고대의 일곱 원소와 하나씩 대응시키 곤 했습니다. 이때 연금술사들은 금을 만들려 면 수은이 반드시 필요하다고 믿었기에 금을 상징하는 태양과 가장 가까운 수성을 수은과 대응시켰습니다.

행성	원소
태양	금
수성	수은
금성	구리
달	은
화성	철
목성	주석
토성	납

　　다른 설도 있습니다. 사람들은 수은이 이 리저리 흘러 다니는 모습이 그리스 신화에 등 장하는 전령의 신인 헤르메스Hermês와 비슷하다고 생각했는데, 헤르 메스에 대응하는 라틴 신화의 신이 바로 메르쿠리우스Mercurius였거 든요. 그래서 이 신의 이름이 붙은 수성을 수은과 대응시켰을 것이라 고도 전합니다. 영어를 비롯해 프랑스어나 스페인어 등 유럽의 상당 수 언어에서 수성과 수은의 이름이 같은 이유가 바로 여기에 있지요.

그리스 신화에 등장하는 헤르메스와 프시케Psȳkhé. 헤 르메스는 재빠르고 속임수를 잘 쓰는 신으로 묘사되곤 한다.

클레어 패터슨

지구는 몇 년 전에 탄생했을까요? 기독교 가르침이 진리로 통하던 시절 사람들은 성서의 연대를 따라 지구가 약 6000년 전에 창조되었다고 믿었지만, 점차 과학이 발전하면서 지구의 나이는 수십억 년 정도라는 주장이 나왔습니다.

미국의 지구화학자인 클레어 패터슨Clair Patterson은 제2차 세계대전 당시 핵무기 제조를 연구하는 맨해튼 프로젝트(Manhattan Project)에 참여한 뒤 시카고 대학으로 돌아와 박사 과정을 이어 나갔습니다.

당시 그의 지도교수였던 해리슨 브라운Harrison Scott Brown은 맨해튼 프로젝트에 참여하는 동안 질량 분석기를 써본 경험이 있는 패터슨에게 지르콘(zircon)이라는 광물 안의 납Pb을 분석하는 일을 학위 논문 주제로 제안했습니다. 지구가 탄생할 때 함께 만들어진 지르콘에는 우라늄U만 존재하는데, 시간이 흐르면서 핵분열이 일어나 납이 생성되기 때문에 이 납의 양을 정밀하게 측정하면 지구의 나이를 계산할 수 있다는 발상이었습니다. 끈질기게 연구를 이어간 패터슨은 1953년 아르곤 국립 연구소(ANL. Argonne National Laboratory)

의 질량 분석기 실험 결과를 토대로 마침내 지구가 45억 5천만 년 전에 탄생했다고 주장할 수 있었습니다.

　패터슨이 실험을 진행하는 동안 새롭게 알아낸 또 다른 사실은 당시 미국의 대기가 납으로 심각하게 오염되어 있다는 것이었습니다. 석유화학 업체들의 끈질긴 방해와 그들의 지원을 받는 정치인들의 압력에도 불구하고, 패터슨은 자동차 연료인 휘발유에 포함된 테트라에틸 납($(C_2H_5)_4Pb$)이 대기 오염의 주 원인이라는 주장을 굽히지 않았습니다. 결국 미국 정부는 그의 주장을 받아들였고, 전 세계에서 무분별하게 쓰이던 납 제품의 사용이 급격히 줄어들게 되었지요. 아마 패터슨이라는 과학자를 잘 몰랐을 수도 있겠지만, 이제부터는 인류를 납 중독에서 구한 위대한 과학자로 꼭 기억해 주길 바랍니다.

캘리포니아 공과대학에서 실험 중인
클레어 패터슨

3장

'소'가 붙지 않은 원소

인 P
×××××××××××××××××××××××
황 S
×××××××××××××××××××××××
아연 Zn
×××××××××××××××××××××××
백금 Pt
×××××××××××××××××××××××

"석류황(石硫黃)은 순 양기(陽氣) 화석(化石)의 정기를 받아 뭉치어서
성질이 통하고 흘러서, 맹렬한 독이 있는데 약품 중에서 장군이라 호칭된다."
하였사오니, 이로써 보옵건대,
땅이 타는 곳에 석류황이 난다는 것은 의심이 없지 아니합니다.
— 《세종실록世宗實錄》 세종 27년 1월 22일 기사 중

2장에서 등장한 금속 원소 일곱 가지 외에도 한자어 이름을 가진 원소는 굉장히 많습니다. 그중 대부분은 수소H, 탄소C처럼 '소'라는 글자로 끝나는 이름이지요. 이들은 앞에서 잠깐 살펴본 것처럼 주로 일본에서 한자로 번역되면서 붙여진 이름들입니다.

　하지만 그렇지 않은 원소들도 많습니다. 서양에서 지식이 전해지기 전부터 존재를 알고 있던 원소이기 때문에 특별한 이름이 붙은 것도 있고, 딱 맞는 이름이 있어서 따로 정해진 것도 있습니다. 이번 장에서는 한자어 이름을 가진 여러 원소 중에서 '소'가 붙지 않은 원소들이 왜 그런 이름을 갖게 되었는지 살펴보겠습니다.

인P

인은 한자 도깨비불 린燐의 음에 해당하는 이름을 가진 비금속 원소입니다. 원래 이 한자는 㷠이라고 썼습니다. 고대 중국 주나라 시절의 한자인 금문(金文)으로 쓰인 이 한자의 모양을 살펴보면, 신발을 신은 사람 주변에 불꽃이 번쩍이는 형상을 나타내는 획이 있는 것을 알 수 있습니다. 바로 무덤가에서 주로 발견되는 도깨비불 현상을 상형 문자로 나타낸 것이지요. 실제로 도깨비불 현상은 무덤 속 시체에서 드러난 뼈로부터 포스핀PH_3이라는 물질이 빠져나와 공기 중에서 스스로 불이 붙어 생기는 현상으로 알려져 있습니다. 사람들은 흔히 뼈를 생각할 때 칼슘Ca만 생각하지만, 사실 뼈는 칼슘의 인산염인 인회석(燐灰石)으로 구성되어 있거든요. 인이 칼슘 못지않게 뼈에 많이 있어서 도깨비불 현상이 발생할 수 있었던 것입니다.

도깨비불 린㷠의 금문 형태

인이 내뿜는 빛을 무덤가가 아닌 실험실에서 과학적인 방법으로 발견하고 보고한 사람은 헤니히 브란트Hennig Brand라는 연금술사입니다. 브란트는 금Au을 얻기 위

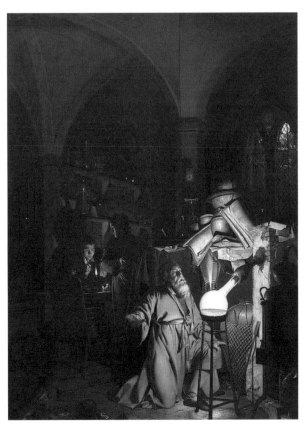

조지프 라이트Joseph Wright가 그린 〈인을 발견한 연금술사〉

한 원료로 매우 황당한 물질을 사용했습니다. 바로 몸에서 만들어지는 노란빛 물질, 즉 소변을 쓴 것입니다. 굉장한 악취에도 아랑곳없이 많은 양의 소변을 얻어 온 브란트는 이 금빛(?) 액체를 적당히 발효시킨 뒤 유리 용기 안에 넣고 가열했습니다.

그렇게 끓어 나오는 증기를 제거하는 증류 과정을 반복했더니 정말 유리 용기 바닥에 정체 모를 고체가 남는 것을 확인할 수 있었지요. 그 물질은 안타깝게도 브란트의 바람과는 달리 금이 아니었지만, 이 고체는 이내 스스로 불이 붙어 밝고 강렬한 빛을 내뿜었습니다. 얼마나 빛이 밝았는지 어두운 실내에서 오래된 연금술 서적도 읽을 수 있을 정도였다고 합니다.

그래서 브란트는 경이로운 빛을 발하는 이 고체 물질을 가리켜 라틴어로 phosphorus mirabilis[포스포루스 미라빌리스]라고 불렀습니다. 여기서 mirabilis는 경이롭다는 뜻의 형용사이고, phosphorus는 그리스어로 '빛'을 의미하는 fôs와 '가져오다'의 뜻을 가진 férō가 합쳐져서 만들어진 단어입니다. 직역하자면 '경이로운 빛 전달자' 정도가 되겠네요. 이후 브란트가 얻은 이 물질이 화학 원소임이 밝혀지면서 뒤에 붙은 단어를 뺀 phosphorus[포스포루스]라는 이름이 사람들 사이에서 널리 쓰이게 되었습니다. 그리고 이 이름의 첫 글자인 P는 인의 원소 기호가 되었지요.

하지만 현재 인은 빛을 가져오는 원소라기보다는 풍년을 가져오는 원소로 알려져 있습니다. 왜냐하면 인이 질소, 포타슘(칼륨)과 함께 식물 생장에 필요한 비료의 3대 원소이기 때문입니다. 한 해 동안 땅에 뿌려지는 인산염 비료의 양만 해도 어마어마하지요.

　태평양에 있는 작은 섬나라인 나우루Nauru는 섬 대부분이 인을 포함한 인광석으로 이뤄진 덕분에 땅을 파서 얻은 인광석을 해외에 팔아 어마어마한 돈을 손에 쥘 수 있었습니다. 그러나 인광석에만 의존하던 나우루는 다른 산업을 발전시키지 못했고, 인광석이 바닥 날 때쯤 나우루의 화려한 경제는 고꾸라지고 말았습니다. 이런 현상을 흔히 '자원의 저주'라고 부르기도 합니다. 인이 한 나라의 운명까지도 쥐락펴락한 원소였다는 사실이 참으로 놀라울 따름입니다.

황 S

◇◇◇◇◇◇◇

여러분은 화산 지대에서 증기가 솟아오르는 모습을 본 적이 있나요? 이 증기가 식으면 딱딱하게 굳으면서 노란 고체가 만들어졌습니다. 옛 중국에서는 이 고체를 석류황(石流黃)이라고 불렀다고 합니다. 고체 물질이라서 돌 석石, 분출되는 곳을 따라 흘러가며 만들어졌다고 해서 흐를 류流, 그리고 노랗기 때문에 누를 황黃을 썼습니다. 그러다가 流의 왼쪽 부수를 삼수변(氵)이 아닌 돌석변(石)으로 바꾼 유황 류硫를 써서 이 물질을 유황(硫黃)이라고 불렀습니다. 그 영향으로 한국, 중국, 일본에서 유황이라는 단어가 공통으로 쓰이게 되었지요.

그런데 정작 유황을 구성하는 원소인 황은 각 나라마다 다른 방식으로 부릅니다. 우선 일본에서는 硫黃[이오]라고 부르고, 중국에서는 硫[류]라고 합니다. 하지만 우리나라에서는 무슨 영문인지 유황이라는 물질과 직접적으로 관련된 硫라는 한자가 아닌 노랗다는 의미의 黃이라는 한자만 쓰고 이 한자의 음인 '황'으로 이 원소를 부릅니다. 사람들에게 익히 알려진 강산이자 산업적으로도 널리 활용되는 황산H_2SO_4의 경우도 일본과 중국에서는 硫酸이라 쓰고 각각

[류산], [류쫜]이라고 읽으니 우리나라와 두드러지게 차이가 난다는 것을 알 수 있지요. 우리나라 사람들은 황이 노랗다는 사실에 특히 강한 인상을 받은 모양입니다.

한편 고대 인도 언어인 산스크리트어로는 황을 śulvāri[슐바리]라고 불렀습니다. śulvā는 구리Cu를, ari는 원수를 의미한다고 하니 '구리에 대적하는 물질' 정도로 해석할 수 있을 것 같습니다. 황이 구리와 결합하면 색깔이 검은 황화 구리CuS를 형성합니다. 이 현상 때문에 황이 구리 제품에 거무튀튀한 녹을 슬게 하는 상극인 물질이라고 생각했던 모양입니다. 산스크리트어와 라틴어는 모두 인도유럽어족에 속했으므로 라틴어도 여기에 영향을 받아 라틴어로 황을 sulphur[술푸르]라고 불렀다고 합니다. 이 단어의 첫 글자인 S가 현재 황의 원소 기호이지요.

조금 섬뜩하게 들리겠지만, 옛날 이란 지방에서는 자신의 말이 옳다는 것을 증명할 때 종교적인 맹세 의식을 치르면서 황을 물에 타 마셨다고 합니다. 당시 사람들은 황을 마신 사람이 복통을 못 이겨 쓰러지고 점차 상태가 나빠지면 맹세한 내용이 거짓된 것이지만, 마신 뒤에도 아무 문제가 없다면 그 맹세가 참이라고 받아들였습니다.

현대 이란 지역에서 주로 쓰이는 페르시아어로 '맹세하다'를 sogand khordan[소간드 호르단], 즉 '맹세를 먹다'라고 표현합니다. 본래 sogand라는 단어가 옛 이란 말로 황을 의미하는 단어였기 때문에 맹세를 하는 행위란 곧 황을 먹는 행위였습니다. 이 단어가 시간이 흐르면서 본래 의미인 황보다 맹세라는 의미로 더 자주 쓰이게 되었고 그 뜻이 그대로 굳어졌습니다. 황을 가리키는 단어가 사라진 셈이지요. 따라서 페르시아어에는 황을 지칭하는 gugerd[구게르드]라는 단어가 새롭게 들어오게 되었습니다.

우리 주변에서 쉽게 찾아볼 수 있는 다양한 고무 제품들은 황이 없었다면 빛을 보지 못했을지도 모릅니다. 신대륙으로 진출한 유럽 사람들은 원주민들이 사용하던 생고무 제품을 처음 보고 신기해하긴 했지만, 생고무의 탄력이 생각보다 약해서 산업적으로 써먹기에는 많이 부족했거든요. 그런데 1839년 미국의 찰스 굿이어Charles Goodyear가 고무에 황을 섞어 가열하면 탄성이 굉장히 강해진다는 사실을 우연히 알게 되었습니다. 이것을 우리말로 황을 더한다는 뜻

캐나다 밴쿠버Vancouver에 탈황 공정으로 얻은 막대한 양의 황이 쌓여 있는 모습. 매해 생산되는 황의 80%는 원유나 천연 가스를 정제할 때 부산물로 나오는 황이다.

에서 가황(加黃)이라고 하는데, 영어로는 로마 신화에서 대장장이와 불의 신인 불카누스Vulcanus의 이름에서 유래한 vulcanization이라고 합니다. 황을 넣어 고무를 단단하게 하는 것이 마치 대장장이가 달군 철에 망치질을 해서 더욱 단단하고 강한 제품을 만드는 것과 비슷해 보이지 않나요?

일상에서 가장 쉽게 황을 찾아볼 수 있는 물건이 바로 성냥입니다. 마찰되어 불이 붙는 성냥 머리 부분에 황이 포함되어 있지요. 재미있게도 이 성냥이라는 이름은 예전에 황을 의미하던 석류황이 변해서 온 말이라는군요.(석류황을 빠르게 발음해 보세요!) 아랍어로는 황을 kibrit[키브리트]라고 부르는데 이것 역시 튀르키예어와 페르시아어로 성냥을 뜻한다고 하니, 멀리 떨어져 있어도 사람들 생각은 비슷비슷했던 모양입니다.

아연 Zn

◇◇◇◇◇◇◇◇◇◇◇◇◇

아연은 녹는점이 420°C 정도로 납Pb보다 조금 높은 수준입니다. 그렇다면 '아연도 납처럼 고대 사람들이 쉽게 제련해서 사용하지 않았을까?'라고 생각해 볼 수 있겠지요. 물론 잘못된 추리는 아니지만, 애석하게도 아연은 녹는점뿐 아니라 끓는점도 907°C 정도로 낮습니다. 그래서 아마 제련할 때 가열 과정에서 아연이 모두 기화해 기체가 되어 용광로 밖으로 빠져나갔을 것이고, 따라서 고대 사람들은 아연의 존재를 몰랐을 거라고 추측합니다. 13세기에 이르러서야 인도에서 기화한 아연을 응축해 얻어내는 과정이 개발되어 비로소 금속 아연이 널리 쓰였다고 합니다.

중국 사람들은 새로 알려진 이 금속이 납과 굉장히 비슷하다고 생각했던 모양입니다. 아연을 밖에 놓아두면 공기 중의 산소O와 반응하면서 산화 아연ZnO 막을 형성합니다. 이때 금속 특유의 광택을 잃어버리는데, 이 모습이 광택을 잃은 납과 상당히 유사해 보이긴 했지요. 그리고 납 광석인 방연석(方鉛石)과 아연 광석인 섬아연석(閃亞鉛石)이 서로 비슷해 보여서 광부들이 많이 헷갈렸다는 이야기가 있습니다.

이렇게 '납과 비슷한 것' 정도로 인식되던 아연이었지만, 사실 아연은 납보다 훨씬 반응성이 뛰어난 원소입니다. 1637년 중국 명나라의 과학자인 송응성宋應星이 쓴 책《천공개물天工開物》에서는 이 높은 반응성에 주목해 독특한 이름을 붙였습니다. 납과 비슷하지만 훨씬 격렬하게 반응하는 것이 마치 중국 대륙 연안에 출몰해 약탈을 일삼은 일본 해적, 즉 왜구처럼 맹렬하다고 해서 이 금속을 왜연(倭鉛)이라고 표기한 것이지요. 실제로 수업 시간에 자주 등장하는 이온화 경향을 보아도 아연은 납보다 훨씬 이온화되기 쉬운 금속입니다. 금속 아연을 염산과 같은 강산에 집어넣으면 수소 기체가 발생하면서 아연이 부식되는데, 이 현상은 교과서나 실험 영상에 빠지지 않고 등장하는 장면입니다.

하지만 일본 사람들은 대체로 자신들이 왜倭라는 한자로 표현되는 것을 꺼렸습니다. 그래서 1712년에 일본에서 발간된 백과사전인《화한삼재도회和漢三才圖會》에서는 왜연을 대신해 납과 비슷하다는 의미로 버금 아亞를 붙여 아연(亞鉛)이라는 이름을 처음 소개했습니다. 원래 亞라는 한자는 '비슷하지만 그에 미치지는 못하는 정도의 성질'을 표현할 때 쓰는 접두사입니다. 예를 들면 열대 지방과 유사하지만 그보다는 조금 덜 더운 지역을 아열대(亞熱帶)라고 부르는 것과 같습니다.

18세기 당시 일본인들은 금속 원소 이름을 亞鉛이라고 쓰되 읽을 때는 포르투갈어에서 유래한 [토탄]이란 이름으로 읽었지만, 시간이 지나면서 한자 그대로 [아엔]이라는 발음으로 읽었습니다. 이 이름이 우리나라에 건너오면서 한국인들은 한자만 똑같이 쓰되 발음만 한국식으로 해서 아연이라고 불렀지요.

재미있게도 아연과 납을 구분하기 힘들다는 사실은 서양 사람들도 익히 알고 있었습니다. 귀금속인 은을 얻으려고 했던 당시 광부들은 오랜 경험으로 방연석이 있는 곳에 은이 섞여 있다는 사실을 알아냈습니다. 앞에서도 언급했지만, 문제는 섬아연석이라는 광석이 방연석과 무척 닮았다는 것입니다. 은을 얻을 생각에 기뻐하며 방연석을 열심히 퍼 담았건만, 이 광물들이 사실은 전부 은이 없는 섬아연석이었다는 사실을 나중에 깨달은 광부의 심정은 어땠을까요?

그래서 방연석을 찾으려고 고생하던 독일 광부들은 '자신들을 속인다, 눈멀게 한다'라는 의미로 비슷하게 생긴 섬아연석을 Blende[블렌데]라고 불렀는데, 마침 이 섬아연석으로부터 얻은 금속 원소가 뾰족한 결정을 만든다는 것을 발견하게 되었습니다. 그래서 바늘이나 이빨처럼 생긴 형상을 가리키는 단어 Zinke를 붙여 Zinkblende[칭크블렌데]라는 이름이 만들어졌지요.

훗날 스위스의 연금술사였던 파라켈수스Paracelsus는 자신의 저서에서 이 원소를 라틴어로 Zincum[징쿰]이라 언급했고, 결국 이 이름이 서양 언어에서 두루 쓰이게 되었습니다. 예를 들면 영어 zinc[징크]나 독일어 Zink[칭크]처럼요. 자연스럽게 아연의 원소 기호는 이 이름에서 두 글자를 딴 Zn이 되었습니다.

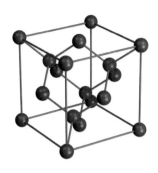

Zinkblende라는 단어로부터 입방정계에 속하는 징크블렌데(zincblende) 구조라는 이름이 나왔다. 황화 아연 ZnS 결정은 그림과 같이 대표적인 징크 블렌데 구조를 가진 고체 물질이다.

아연은 우리가 자주 사용하는 건전지의 음극을 구성하는 금속 원소이기도 합니다. 또 아연을 구리와 합금해서 만든 황동(黃銅)은 금관악기를 만드는 데 사용됩니다. 그래서 금관악기를 가리키는 영 단어도 황동과 똑같은 brass이지요. 한편 아연은 철강 제품의 부식 을 방지하기 위해 도금하는 재료로도 널리 쓰입니다. 이런 도금 방 식을 영어로 galvanization이라고 하는데, 이 단어는 전지의 이론을 세우는 데 큰 기여를 한 이탈리아의 학자 루이지 갈바니Luigi Galvani의 이름에서 온 말입니다.

백금 Pt

◇◇◇◇◇◇◇◇◇◇◇◇◇

백금은 신대륙이 발견된 이후에야 유럽 세계에 알려진 금속입니다. 1735년 스페인 제국의 왕인 펠리페 5세Felipe V의 어명으로 신대륙에서 과학 연구 활동을 수행하던 학자들은 금Au과 함께 뒤엉켜 있는 은백색의 작은 금속 조각들을 발견했습니다. 내막을 알고 보니, 광산에서 금을 채굴하던 사람들이 금과 뒤엉킨 이 은백색 물질을 제거할 수 없어서 포기하고 그냥 갖다 버린 것들이었어요.

이 지역 사람들은 은Ag처럼 생겼지만 도저히 분리할 수 없었던 이 물질을 핀토Pinto강 근방에서 발견했다고 해서 Platina del Pinto[플라티나 델 핀토]라고 불렀습니다. 여기서 스페인어로 plata[플라타]는 은을 의미하는데, 스페인어에서는 더 작고 귀엽다는 의미로 단어에 -ino, -ina와 같은 접미사를 붙이기도 합니다. 즉 platina[플라티나]라는 단어는 '작은 은'을 의미하지요.

10년간의 연구 활동을 성공적으로 마치고 스페인으로 돌아오던 학자들은 당시 적대 관계에 있던 대영 제국 함대의 습격을 받았습니다. 런던으로 압송된 스페인 학자들은 그간 수집한 시료와 연구 결과를 적은 글들을 모두 압수당했지만, 영국 왕립 학회 회원들의 도움 덕분에 연구 결과는 다시 스페인 학자들의 손으로 되돌아왔습니다. 이 연구 내용은 우여곡절 끝에 1748년 연구 논문으로 출판될 수 있었습니다. 이때 스페인 학자들은 당시의 열처리 방식으로는 도저히 분리가 불가능했던 이 물질을 라틴어로 platinum[플라티눔]이라고 불렀습니다.

오래지 않아 개별적으로 연구를 진행했던 영국 학자들은 이 물질이 녹는점이 무려 1,772°C나 되는 새로운 금속 원소라는 것을 밝혀냈습니다. 곧 유럽에는 platinum이 새 원소의 이름으로 널리 퍼지게 되었는데, 현재도 이 원소를 영어로 platinum[플래티넘]이라고 부릅니다. 그리고 여기에서 두 글자를 따온 Pt가 백금의 원소 기호로 정해졌습니다.

이 새로운 원소에 관한 연구가 인기를 끌 무렵, 스웨덴의 화학자인 헨리크 셰퍼Henrik Teofilus Scheffer는 이 금속이 금처럼 부식에 강하지만, 색깔이 노랗지 않고 희다고 해서 '흰 금'이라고 불렀어요. 이 이름이 꽤나 매력적이었는지 한동안 platinum은 흰 금이라고 불렀습니다. 지금은 화이트골드(white gold)라고 하면 귀금속을 제조하기 위해 금에 니켈Ni이나 팔라듐Pd 등을 넣어 만든 하얀 합금을 가리키지요.

당시 네덜란드어로도 이를 흰(wit) 금(goud)이라는 뜻에서 witgoud[빗하우트]라고 불렀는데, 이것을 문헌에서 본 우다가와 요안은 흰 백白에 쇠 금숲을 더해 白金[핫킨]이라는 단어를 만들어냈습니다. 우리말 원소 이름 백금은 바로 이 일본어 원소 이름을 그대로 가져와 한국식 발음으로 읽은 것이고요. 현대 그리스어로도 백금을 '희다'라는 뜻의 형용사인 lefkós와 금을 의미하는 chrysós를 합

촉매 변환기

쳐 lefkóchrysos[레프코흐리소스]라고 부른답니다.

백금은 얻기 힘들고 매장량도 적기 때문에 가격이 비싼 귀금속입니다. 하지만 백금이 가장 널리 쓰이는 분야는 장신구나 화폐가 아니라 다른 물질들의 반응을 돕는 '촉매'입니다. 백금 표면에서는 다양한 기체 분자들의 반응이 평상시보다 더 빠르게 일어나기 때문에 자동차 배기 가스 분해 장치, 수소차용 연료 전지 등에 항상 들어가 있습니다. 그래서 여러 산업 분야에 촉매로 쓰이는 값비싼 백금을 비교적 가격이 싼 다른 금속들로 교체하려는 연구가 널리 진행되고 있습니다. 이처럼 다양한 곳에 유용하게 쓰이는 백금은 진정한 '귀금속'이라고 할 수 있지요.

백금으로 만든 장신구

그래서인지 보통 항공사, 호텔, 백화점의 회원 등급이나 게임 계급을 실버→골드→플래티넘→나이아몬드와 같은 순서로 나타내는 경우가 많습니다. 미국의 음반 판매량을 집계하고 인증하는 미국 음반 산업 협회는 50만 장이 팔린 앨범에 골드 인증, 100만 장이 팔린 앨범에는 플래티넘 인증을 부여합니다. 실제로 오랜 기간 동안 백금은 금보다 비싼 귀금속으로 인식되었기 때문에 이런 식으로 서열을 매긴 것이지요.

하지만 의외로 백금은 은이나 금과 달리 동전으로 활발히 주조되지는 않았습니다. 기껏 비싼 백금으로 동전을 만들어 봐야 그보다 값싼 은이나 백동(白銅)으로 만든 동전과 비슷해 보였기 때문입니다. 그래서 백금은 주로 특별한 일을 기념하는 기념 주화나 가치 저장 및 투자에 쓰이는 지금형 주화(bullion coin)를 만드는 데 활용된다고 합니다.

송응성

1587년 명나라 시대 강서성江西省 지역의 봉신현奉新縣에서 태어난 송응성은 1615년에 치러진 강서성의 지역 과거 시험인 향시에 합격했습니다. 그러나 조정의 고관이 되려면 수도 베이징北京에서 치러지는 과거 시험인 회시에 합격해야 했지요. 송응성은 회시에 다섯 번이나 응시했지만 불행히도 전부 다 떨어지고 말았고, 결국 자신의 출신 지역인 봉신현에서 학생들을 가르치는 교유(敎諭)로 일하는 데 만족해야 했습니다. 이 과정에서 송응성은 사서오경(四書五經)으로 대표되는 유학을 공부하는 것보다는 실용 학문을 익히는 것이 더 중요하다는 생각을 하게 되었습니다.

이런 그의 생각은 1637년 출간한 《천공개물》에 잘 나타나 있습니다. 이 책은 의복, 곡물, 소금과 설탕, 도자기, 금속 제조, 배와 수레, 광석, 기름, 종이, 무기, 안료, 술 등 여러 물건의 제조와 관련된 다양한 이야기를 담고 있는데, 오랜 시간 중국에서 축적된 수많은 기술과 재료에 대한 상세한 설명 덕분에 중국 기술의 종합 백과사전으로 불렸습니다.

중국 과학사를 연구한 영국의 조지프 니덤Joseph Needham은 송응성을 가리켜 중국의 드니 디드로Denis Diderot라고 치켜세웠습니다. 드니 디드로는 프랑스의 계몽주의 철학자로, 방대한 규모의 백과사전이었던 《백과전서 혹은 과학, 예술, 기술에 관한 체계적인 사전 Encyclopédie, ou dictionnaire raisonné des sciences, des arts et des métiers》을 저술한 것으로 유명합니다. 하지만 디드로가 이 책의 1편을 출간한 것이 1751년의 일이고 송응성의 업적은 그보다도 100년 이상 빨랐으니, 디드로야말로 프랑스의 송응성이라고 불러야 하지 않을까 생각합니다.

《천공개물》에 실린 수은Hg을 얻는 과정을 나타낸 삽화

4장

'소'가 붙어 있는 원소

산소 O

수소 H

질소 N

탄소 C

붕소 B

규소 Si

비소 As

탄소(炭素)는 세 가지 다른 형태로 지상에 존재하는데,
첫째는 무형의 목탄(木炭)이요, 둘째는 결정체인 금강석(金剛石)이요,
다른 하나는 석묵(石墨)이다.
—《이화일기理化日記》1편 3권, 히라오카 모리사부로平岡盛三郎

이제 흴 소素로 끝나는 비금속 원소의 이름들을 살펴볼 차례입니다. 소(素)는 원래 '매달아 놓은 실'을 나타내는 글자였어요. 갓 만든 실은 염색하기 전엔 흰색이었으므로 자연스럽게 이 글자에는 희다는 뜻이 내포되어 있었습니다. 그런데 흰색은 모든 색의 기본 바탕이 되는 색깔이지요? 그래서 이 글자는 기본, 밑바탕, 사물의 원료라는 뜻을 함께 나타내게 되었습니다. 일본의 난학자 우다가와 요안은 네덜란드어로 쓰인 과학책을 번역하다가 재료를 의미하는 stof가 등장할 때마다 소(素)를 대응시켜 水素(수소), 炭素(탄소), 窒素(질소), 酸素(산소)라는 원소 이름을 처음 제안했습니다.

이 글자가 비금속 원소들의 이름에 적극적으로 도입된 데에는 일본의 물리학자인 히라오카 모리사부로平岡盛三郞의 영향이 무척 컸습니다. 그는 영어로 된 과학 서적을 일본어로 번역하면서 앞서 언급한 수소, 탄소, 질소, 산소의 형식을 따라 비금속 원소들에 전부 ○소라는 이름을 붙였는데, 이 이름들 대다수가 일본 학자들 사이에서 지지를 받았고 우리나라에도 그대로 받아들여졌지요. 4장에서는 이 원소들의 이름에 관해 이야기해 보겠습니다.

산소

18세기 말 연소(燃燒)라는 개념이 올바르게 확립되기 전, 유럽의 학자들은 물질이 연소한다는 것은 곧 물질에서 플로지스톤(phlogiston)이라는 것이 빠져나가는 현상이라고 믿었습니다. 즉 불에 타는 물질에는 반드시 플로지스톤이 포함되어 있다고 생각했지요. 영국의 화학자인 조지프 프리스틀리Joseph Priestley도 이 플로지스톤 이론을 신봉하던 사람이었습니다.

어느 날 프리스틀리는 볼록 렌즈를 통해 모은 태양 빛으로 산화 수은HgO을 가열하면 어떤 기체가 발생하는 것을 확인했습니다. 이 기체를 모은 용기에 불꽃을 집어넣었더니 불꽃이 공기 중에서보다 더 맹렬하게 타오르는 것도 목격했습니다. 프리스틀리는 연소를 잘 일으킨다는 것은 곧 플로지스톤을 물질로부터 더 잘 뽑아내는 것이라고 여겼습니다. 따라서 산화 수은으로부터 발생한 이 기체 역시 애초에 플로지스톤을 공기보다 덜 가지고 있기 때문에 연소가 더 잘 일어나는 것이라고 이해했지요. 그래서 프리스틀리는 이 기체에 탈(脫)플로지스톤화 공기(dephlogisticated air)라는 거창한 이름을 붙였습니다.

하지만 플로지스톤 이론에 문제가 많다고 생각한 선구자가 있었으니, 바로 프랑스의 위대한 화학자인 앙투안 라부아지에였습니다. 프리스틀리의 산화 수은 실험에 흥미를 느낀 라부아지에는 스스로 실험을 반복해 보다가, 이 탈플로지스톤화 공기야말로 연소 현상을 설명하는 근본적인 존재라는 사실을 간파했습니다.

그는 1777년에 프랑스 과학 아카데미에 제출한 기념비적인 논문에서 '연소는 물질로부터 플로지스톤이 빠져나가는 현상이 아니라 프리스틀리가 발견한 탈플로지스톤화 공기가 물질과 화합하는 과정'이라는 것을 논리적으로 설명했습니다. 이는 곧 플로지스톤이라는 존재가 없다고 주장한 것과 마찬가지였습니다. 따라서 라부아지에는 연소가 일어나는 데 필수 요소라고 강조한 이 기체를 '탈플

연소는 물질이 빛과 열을 내며 산소와 결합하는 대표적인 화학 반응이다.

로지스톤화 공기'라고 부를 수 없었습니다. 잘못된 개념을 대신할 완전히 새로운 이름을 붙여야 했지요.

라부아지에는 논문에서 황S을 태우면 황산이, 인P을 태우면 인산이, 그리고 탄소C를 태우면 탄산이 된다는 실험 결과를 언급하면서 연소가 끝난 물질들은 모두 산(酸)이 된다고 보고했습니다. 그의 논리에 따르면 연소에 필요한 프리스틀리의 탈플로지스톤화 공기는 곧 산을 만드는 데 필요한 요소였습니다.

훗날 라부아지에는 1789년에 쓴 화학 교과서 《화학 원론》에서 탈플로지스톤화 공기에 붙일 새로운 프랑스어 원소 이름으로 고전 그리스어의 '(맛이) 시다'라는 뜻을 가진 형용사 oxýs[옥쉬스]에 '만들다'라는 의미를 가진 geínomai[게이노마이]를 합쳐 oxygène[옥시젠]이라는 단어를 만들어냈습니다. 이에 따라 영어로도 산소를 oxygen[억시전]이라고 불렀고, 라틴어 이름 oxygenium[옥쉬게니움]이라는 단어가 만들어졌습니다. 첫 글자인 O는 산소의 원소 기호가 되었지요.

한편 네덜란드 사람들은 라부아지에의 방식을 따르되, 이름을 짓는 데 쓰는 구성 요소를 고전 그리스어가 아닌 자국어에서 찾았습니다. 그래서 '(맛이) 시다'라는 뜻의 zuur[쥐르]에 '재료'를 의미하는 stof[스토프]를 붙여 zuurstof[쥐르스토프]라는 네덜란드어 원소 이름이 탄생했습니다. 이 방식을 그대로 본뜬 우다가와 요안은 실 산酸에 흴 소素를 더해서 酸素[산소]라는 한자어 이름을 만들어냈지요.

이 이름이 우리나라에 그대로 전달되어 한국어로도 산소라고 부르게 되었습니다.

하지만 라부아지에가 이 원소를 올바르게 정의한 것은 아니었습니다. 19세기 말 스웨덴의 화학자 스반테 아레니우스Svante Arrhenius가 물질이 산성을 띠게 하는 원소는 산소가 아니라 수소H라는 것을 밝혀냈기 때문입니다. 그러나 산소라는 이름이 워낙 널리 사용되던 탓에 잘못된 사실을 기반으로 만들어진 이름이었음에도 고치지 못한 채 그대로 쓰게 되었습니다. 청량하고 개운한 산소의 이름에 시큼하고 짜릿한 맛을 내는 '산'이라는 글자가 있는 이유이지요.

수소 H

◇◇◇◇◇◇◇◇◇◇◇◇

원자 번호 1번인 수소는 원소 주기율표의 첫 자리에 자리 잡은 원소입니다. 모든 원소 중 원자량이 가장 작기 때문에 수소 원자 둘이 모여 만들어진 수소 기체H_2는 우주에서 가장 가벼운 분자이지요.

예전부터 화학 실험 중에 수소 기체가 발생하는 것을 보고 그 현상에 대해 구체적인 이야기를 남긴 사람들은 더러 있었습니다. 하지만 최초로 체계적인 실험을 통해 수소 기체를 만들어내고, 그 성질을 분석해서 논문으로 보고한 사람은 영국의 화학자인 헨리 캐번디시Henry Cavendish로 알려져 있습니다. 캐번디시는 염산과 황산에 아연Zn, 철Fe, 주석Sn을 넣었을 때 기체가 만들어지는 것을 확인했습니다. 이렇게 인공적으로 만들어낸 기체가 불에 잘 탄다는 점에 착안해서 이 기체를 가연성 공기(inflammable air)라고 불렀지요.

가연성 공기가 원소라는 것을 이해하고 처음 이름을 붙인 사람은 앙투안 라부아지에입니다. 라부아지에는 캐번디시가 언급한 가연성 공기를 산소O와 섞은 뒤 전기 불꽃을 가하면 반응 용기 내부에서 물방울이 맺힌다는 사실을 알아냈습니다. 반대로 물을 고온의 철과 반응시키면 가연성 공기가 만들어진다는 것도 밝혀냈지요. 이 실험들의 결론은 명확했는데, 물은 가연성 공기와 산소의 화합물일 뿐 원소가 아니라는 것이었습니다. 이 사실은 물, 불, 흙, 공기가 세상을 구성하는 원소라고 했던 아리스토텔레스의 4원소설이 과학적으로 부정되는 결정적인 계기였습니다.

라부아지에는 산소와 결합하면 물을 만들어내는 이 가연성 공기에 고전 그리스어로 '물'을 의미하는 hýdōr[휘도르]와 '만들다'라는 의미를 가진 geínomai[게이노마이]를 합쳐 hydrogène[이드로젠]이라는 이름을 붙였습니다. 영어에서도 수소를 hydrogen[하이드로전]이라고 부르고, 여기에서 라틴어 단어 hydrogenium[휘드로게니움]이 만들어지면서 첫 글자인 H가 수소의 원소 기호로 채택되었습니다.

네덜란드 사람들은 앞의 산소와 마찬가지로 그리스어 대신 자국어를 활용해서 물을 의미하는 water[바터]에 stof를 합쳐 만든 waterstof[바터스토프]라는 이름으로 수소를 불렀습니다. 이 이름을 본 우다가와 요안은 물 수水에 흴 소素를 더해 水素[수이소]라는 한자어를 만들어냈지요. 이 한자어가 그대로 한국어에 들어와 우리말 원소 이름인 수소로 정착했고요.

일반적으로 우리가 말하는 수소는 양성자 1개로 구성된 원자핵과 전자 1개로 이루어져 있습니다. 그런데 세상에는 이와 다르게 구성된 수소도 있습니다. 바로 원자핵에 '중성자'도 포함되어 있는 수소들이지요. 이처럼 양성자와 전자 개수는 같지만 중성자 수만 다른 원소를 동위 원소(同位元素)라고 부르는데, 수소에는 안정적인 동위 원소가 두 가지 더 있다고 알려져 있습니다. 바로 중성자가 하나 더 들어가 있는 중수소(重水素)와 중성자가 두 개 더 들어가 있는 삼중수소(三重水素)입니다. 이때 무거울 중重을 붙이는 이유는 중성자가 포함되어 원자량이 증가하기 때문입니다. 영어로는 이들을 고전 그리스어로 두 번째, 세 번째를 의미하는 deúteros, trítos에 접미사 -ium을 붙여 각각 deuterium[듀티어리엄]과 tritium[트리티엄]이라고 부릅니다. 원소 기호로 표시할 때는 일반 수소와 구별하기 위해 각

핵융합 실험 장치인 JET(Joint European Torus)의 모습. 수소 원자들을 융합시키는 과정에서 나오는 에너지를 효율적으로 활용할 수만 있다면 인류의 에너지 문제를 해결할 수 있을 것이다.

각 D, T로 쓰기도 합니다.

이 중 중수소는 꽤나 널리 사용되는데, 일반 수소 대신 중수소만으로 구성된 물인 중수D_2O는 원자력 발전소에서 냉각재와 감속재로 사용되기도 하지요. 이렇게 중수를 사용하는 원자로를 중수로(重水爐)라고 부릅니다. 그리고 화학자들이 널리 쓰는 분석법인 핵자기 공명(NMR. Nuclear Magnetic Resonance)분광법에는 모든 수소가 중수소로 치환된 용매를 활용합니다.

수소는 21세기의 새로운 에너지원으로 주목받고 있습니다. 우리는 지금까지 나무나 석탄, 석유와 같은 탄소C 기반 재료를 태워서 에너지를 얻어왔습니다. 이 과정에서 배출하는 이산화 탄소CO_2가 온실 효과를 일으키는 바람에 인류는 심각한 기후 변화의 위기를 맞이했지요. 하지만 수소는 이름이 뜻하는 대로 연소되면 물만 만들어 내므로 에너지를 얻는 과정에서 지구 환경에 끼치는 악영향이 거의 없다고 할 수 있습니다. 아직 해결해야 할 기술적인 문제들이 있긴 하지만, 우주 전체 질량의 75%를 차지하는 수소가 안전한 에너지원으로 쓰이는 시대가 온다면 우리 사회가 맞닥뜨린 환경 및 에너지 문제가 크게 줄어들 것이라고 확신합니다.

질소 N

◇◇◇◇◇◇◇◇◇◇◇◇◇

공기는 무엇으로 이뤄져 있을까요? 우리가 호흡하는 데 필요한 산소 기체O_2가 21%를 차지하고, 나머지 78%는 질소 기체N_2로 채워져 있습니다. 다른 기체들은 단 1%에 불과합니다. 이처럼 질소는 공기 대부분을 차지하고 있는 원소이지요. 그러나 스코틀랜드의 화학자인 대니얼 러더퍼드Daniel Rutherford가 그 존재를 세상에 알릴 때까지 옛날 사람들은 질소가 그렇게 대기 중에 충만하다는 사실을 전혀 알아채지 못했습니다.

러더퍼드는 밀폐된 용기 안에서 쥐가 질식해 죽을 때까지 기다린 뒤, 그 안에서 양초와 인P을 차례로 태워 더는 연소가 진행되지 않는 상태를 만들었습니다. 그 뒤 용기 안에 남아 있던 기체에서 당시 고정된 공기(fixed air)라고 불렀던 이산화 탄소를 모두 제거했습니다. 러더퍼드는 용기 안에 있던 기체 대부분이 제거되었으므로 최종적으로 얻을 수 있는 공기의 부피가 얼마 되지 않을 거라 생각했습니다.

그러나 아뿔싸, 용기 안에는 생각과 달리 많은 양의 공기가 여전히 남아 있었습니다. 의아하게 생각한 러더퍼드는 여기에 살아 있는 쥐를 집어넣었는데, 아까와는 달리 시간이 얼마 지나지 않았는데도 바로 쥐가 질식해 죽어버렸어요. 이번에는 불꽃이 타오르는 양초를 집어넣었습니다. 그러자 양초도 얼마 안 가 바로 다 꺼지더라는 것입니다. 플로지스톤 이론을 믿었던 러더퍼드는 연소가 진행될 대로 다 진행된 뒤 남은 기체에는 분명 플로지스톤이 풍부하기 때문에 연소가 더 일어나지 않는 것이라 생각했습니다. 그래서 그는 이 기체에 플로지스톤화 공기(phlogisticated air)라는 이름을 붙였습니다.

그런데 앞에서 설명한 것처럼 플로지스톤 이론을 처참하게 박살낸 사람이 바로 앙투안 라부아지에였습니다. 라부아지에는 이 기체가 동물을 질식시켜 생명을 빼앗는다는 점에 착안해서 그리스어로 부정(否定)의 접두사인 a[아]에 '생명'을 의미하는 zoé[조에]를 합쳐 만든 프랑스어 단어 azote[아조트]를 새로운 이름으로 붙여주었습니다.

한편 네덜란드 사람들은 산소O와 수소H의 이름을 지을 때처럼 자국어 이름을 만들었습니다. 바로 '질식시키다'라는 뜻을 가진 동사 stikken[스티켄]에 stof를 붙였던 것이지요. 그렇게 탄생한 네덜란드어 원소 이름이 stikstof[스틱스토프]였습니다.

이 이름을 본 우다가와 요안은 처음에는 동물을 질식시켜 죽인다는 의미로 죽일 살殺에 흴 소素를 더해 殺素[삿소]라고 불렀지만, 이름이 너무 살벌하다고 생각했는지 언제부터인가 殺 대신 질식의 의미를 나타내도록 막을 질窒을 써서 窒素[짓소]라고 부르기 시작했습니다. 그리고 이 단어가 한국어에 들어오면서 우리말로 질소라고 부르게 되었습니다.

그런데 영어로는 앞서 설명했던 방식과는 아주 다르게 질소를 nitrogen[나이트로전]이라고 부릅니다. 그 이유는 실제로 전혀 다른 어원을 가지고 있기 때문입니다. 공기 중에 충만한 질소 기체는 딱히 큰 이용 가치가 없었지만, 땅에서 채취할 수 있었던 질산 화합물은 사정이 달랐습니다. 화약을 만들 때 요긴하게 사용하는 초석(硝石)의 주성분이 질산 포타슘KNO_3이었거든요. 전쟁에서 이기려면 우수한 화력을 지닌 대포를 잘 써야 하는데, 화약이 없으면 포탄을 날릴 수 없겠지요? 그래서 유럽은 물론 우리나라까지도 질 좋은 초석을 생산하는 것이 국방력 강화의 핵심 과제였습니다.

초석처럼 질소를 포함하는 무기화합물을 고전 그리스어로는 nitron[니트론]이라고 불렀습니다. 프랑스의 화학자 장 앙투안 샤프탈Jean-Antoine Chaptal은 질소가 질산염을 만드는 구성 요소라는 의미에서 nitron과 '만들다'라는 뜻을 가진 geínomai[게이노마이]를 합쳐

화약의 배합은 제조사마다 다르지만 질산 포타슘, 목탄, 황S은 반드시 포함된다.

nitrogène[니트로젠]이라는 단어를 만들었습니다. 비록 프랑스어 원소 이름은 라부아지에가 제안한 azote로 굳어졌지만, 영어로는 샤프탈의 제안을 받아들인 형태인 nitrogen이라는 이름으로 부르게 되었습니다. 이 이름으로부터 라틴어 이름 nitrogenium[니트로게니움]이 만들어졌고, 첫 글자를 따서 질소의 원소 기호인 N이 정해진 것입니다.

탄소 C

◇◇◇◇◇◇◇◇◇

4장에 등장하는 원소 중 탄소가 자랑할 만한 가장 독특한 점이 있습니다. 그것은 바로 다른 원소와 결합하지 않은 채 순수한 탄소로만 구성된 물질이 우리 주변에 비교적 흔하다는 것입니다. 대중적으로 널리 알려진 순수한 탄소 물질로는 연필을 만들 때 쓰는 흑연, 보석의 왕 다이아몬드가 있지요. 땔감을 태우고 난 뒤 생기는 검댕과 숯 역시 흔히 볼 수 있는 탄소 물질입니다. 같은 탄소라도 원자들이 어떻게 배열되는지에 따라 흑연이 되기도, 다이아몬드가 되기도, 숯이 되기도 합니다. 이렇게 같은 한 원소로만 이루어졌음에도 서로 다른 성질과 형태를 가진 물질을 동소체(同素體)라고 부릅니다.

인류가 불을 쓴 이후부터 탄소 물질은 주변에서 흔하게 찾아볼

대표적인 동소체인 흑연과 다이아몬드

수 있던 친근한 재료였습니다. 그러나 고대 사람들의 부족한 화학 지식으로는 아궁이에서 만들어진 숯과 검댕, 귀금속인 다이아몬드, 연필심으로 쓰이는 흑연 등이 모두 동소체라는 것을 알 도리가 없었습니다. 이 소재들이 동일한 원소로 구성된 것이라는 사실이 밝혀진 것은 역시나 앙투안 라부아지에 덕분이었습니다.

라부아지에는 산화 수은HgO을 가열했을 때와 마찬가지로 거대한 볼록 렌즈 두 개를 나란히 놓아 햇빛이 다이아몬드에 모이게 했습니다. 이내 다이아몬드는 가열되어 사라졌는데, 이때 어떤 기체를 내보낸다는 것을 확인했습니다. 이 기체의 정체는 당시 약염기성을 띠는 고체를 가열할 때에나 방출된다고 알려진 '고정된 공기'라고 불리던 기체로, 지금은 이 기체를 이산화 탄소CO_2라고 부릅니다.

흥미가 생긴 라부아지에는 숯을 똑같은 방식으로 태워봤는데 이때도 똑같이 고정된 공기가 발생한다는 것을 알게 되었습니다. 라부아지에는 이 사실을 토대로 다이아몬드와 숯에 존재하던 미지의 원소가 연소된 결과 고정된 공기가 발생한 것이라 생각했습니다. 비록 형체는 전혀 다를지언정 다이아몬드와 숯은 동일한 원소로 구성된 물질이라는 대담한 결론을 낸 것이지요.

이 새로운 원소의 이름을 무엇으로 하면 좋을까 고민하던 라부아지에는 라틴어로 숯, 석탄을 의미하는 단어 carbo[카르보]를 같은 뜻을 가진 프랑스어 단어 charbon[샤르봉]처럼 살짝 변형한 carbone[카르본]을 새 원소 이름으로 확정해서 발표했습니다. 이는 원소 이름의 어미를 -on(e)으로 정해서 부른 최초의 사례였습니다. 영국 사람들도 이 이름을 그대로 받아들여 영어로 탄소를 carbon[카번]이라고 불렀는데, 여기에서 라틴어 단어 carbonium[카르보니움]이 나왔고 첫 글자인 C가 탄소의 원소 기호가 되었습니다.

다소 엉뚱하게 들릴 수 있겠지만, 이탈리아 음식 메뉴로 자주 볼 수 있는 카르보나라(carbonara)가 탄소의 이름과 밀접한 연관이 있습니다. 카르보나라는 본래 이탈리아에서 먹는 파스타 요리로 돼지고기를 볶은 뒤 달걀노른자와 치즈, 흑후추를 면과 뒤섞어 만듭니다. 원래 이름은 alla carbonara인데 이탈리아어로 '석탄 광부들 방식으로'라는 뜻이라고 합니다. 이 단어의 정확한 유래는 사람들마다 주장이 엇갈리지만, 한 가지 공통적으로 언급되는 것은 파스타에 뿌려진 후춧가루가 마치 숯가루 같아서 이탈리아어로 탄소를 의미하는 carbonio[카르보니오]가 관련되어 있다는 것입니다.

한편 네덜란드 사람들은 산소O, 수소H, 질소N처럼 이 원소가 무슨 소재를 만드는 재료인지에 더 주목했습니다. 라부아지에가 확인한 새 원소는 숯과 석탄을 구성하는 주 원료였기에, 네덜란드어로 석탄을 의미하는 단어 kool[콜]에 stof를 붙여 koolstof[콜스토프]라는 새로운 이름을 만들었지요. 이 이름을 본 우다가와 요안은 숯 탄炭에 흴 소素를 합쳐 炭素[단소]라는 이름을 만들어냈고, 이 단어가 우리나라에 전해지면서 한국 한자 발음으로 읽은 탄소라는 한국어 이름이 생겼습니다.

숯, 석탄과 연관된 이름을 가진 탄소는 검은색과 유독 밀접한 관계가 있습니다. 한 예를 들면 그리스어로 탄소를 ánthrakas[안트라카스]라고 하는데, 영어로 탄저병(炭疽病)을 가리키는 단어 anthrax[앤쓰랙스]와 같은 어원을 가지고 있습니다. 탄저병에 걸리면 생기는 검은 부스럼이 마치 숯 같다고 해서

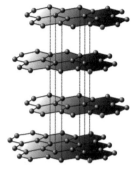

흑연의 화학 구조

이런 이름이 붙었지요. 이에 따라 한자어로도 숯 탄炭에 등창 저疽를 합친 단어로 번역되었습니다. 물론 탄소와 탄저병은 실제로 전혀 관련이 없지만 말입니다.

앞서 설명했던 흑연의 화학 구조를 살펴보면 벌집 모양으로 배열된 2차원 평면의 탄소 원자층이 겹겹이 쌓여 있는 형태를 띱니다. 이를 구성하는 탄소 원자층 한 겹만 따로 떼어 얻어낸 사람들이 있었으니, 바로 영국 맨체스터 대학의 안드레 가임Andre Konstantin Geim과 콘스탄틴 노보셀로프Konstantin Sergeevich Novoselov입니다. 이들이 얻은 탄소 원자층 두께의 2차원 물질을 흑연의 영어 이름 graphite[그래파이트]에서 유래한 그래핀(graphene)이라고 부릅니다. 미래의 신소재가 될 것으로 주목받는 그래핀의 발견에 기여한 두 사람은 2010년 노벨물리학상을 받았습니다.

붕소 B

붕사(硼砂)는 다양한 화학 제품을 만드는 데 쓰이는 물질입니다. 이 이름이 낯선 사람도 있겠지만, 최근 어린이들이 액체 괴물(슬라임)을 만들 때 활용하는 것으로 유명해져서 한 번쯤 들어본 적이 있을지도 모르겠습니다. 사슬 형태의 화학 구조를 가진 고분자인 폴리바이닐 알코올(PVA. polyvinyl alcohol)이 붕사와 결합하면 그물 형태의 구조가 되면서 끈끈하면서도 탄성을 지닌 물질로 탈바꿈합니다. 이것이 어린이들이 가지고 놀기에 재미있는 성질을 띠는 장난감이 되지요.

사실 붕사는 붕소를 포함한 물질 중에서 인류가 오래전부터 널리 사용한 물질입니다. 근대 화학이 태동하기 전인 18세기 초, 독일의 학자인 빌헬름 홈베르크Wilhelm Homberg는 붕사로부터 마치 눈처럼 반짝이는 흰 가루인 붕산$B(OH)_3$을 합성해 내기도 했습니다.

붕사와 관련해서 그보다 더 중요한 사실이 있습니다. 지금으로부터 200여 년 전 프랑스의 화학자인 조제프 게이뤼삭Joseph Louis Gay-Lussac과 루이 테나르Louis Thénard가 바로 이 붕사로부터 새로운 원소의 존재를 발견한 것이었습니다. 두 사람은 붕사를 화학적으로 처리하는 과정에서 기존에 알지 못했던 새로운 물질을 얻어내는 데 성공했고, 이 물질이 화합물이 아닌 원소라고 확신했습니다.

붕사는 프랑스어로 borax[보락스]라고 불렸는데, 그들은 이 단어의 앞부분을 따서 bore[보르]라는 새로운 원소 이름을 지었습니다. 그리고 이 이름으로부터 라틴어 이름 borium[보리움]이 만들어져 첫 글자인 B가 붕소의 원소 기호가 되었습니다.

사실 borax라는 단어는 붕사의 주산지였던 지금의 이란 지역에서 페르시아어로 부르던 이름인 burah[부라흐]에서 온 말입니다. 이 단어가 일찍이 중국으로 건너가 硼砂(붕사)라는 한자어가 되었습니다. 중국인들이 이 페르시아어 단어를 음역하기 위해 형태를 의미하는 모래 사砂 앞에 페르시아어 단어의 첫 음절을 나타내는 단어로 돌 석石에 벗 붕朋을 합쳐 만든 붕사 붕硼이라는 한자를 붙였기 때문

아이들의 장난감으로도 널리 사용되는 일명 액체 괴물(슬라임)은 폴리바이닐알코올(PVA)이라는 고분자를 붕사 수용액과 혼합해 만든다.

입니다. 硼의 현대 중국어 발음은 [펑]이지만 고대에는 [붕]이나 [벙]에 가까웠을 것이라고 추측합니다.

물론 옛날 문헌에 따르면 이와 비슷한 발음을 가진 한자는 한두 개가 아니었습니다. 그래서 붕사를 나타내는 단어로 봉사(蓬砂), 분사(盆砂), 붕사(鵬砂) 등이 마구잡이로 쓰였다고 합니다. 하지만 그 모든 한자 중에서 硼이 자리 잡은 이유는 이 물질의 모양이 돌가루와 같다는 점을 나타낼 수 있는 돌 석石을 포함하고 있었기 때문입니다. 따라서 burah[부라흐]를 중국어로 표현하기에는 더할 나위 없이 좋은 글자였지요.

일본의 의사인 이시구로 다다노리石黒忠悳는 자신의 책《화학훈몽化學訓蒙》에서 이 원소가 붕사를 구성하는 주요 비금속 원소라는 점에 착안해 붕사 붕硼에 흴 소素를 합쳐 만든 硼素[호소]라는 이름을 처음 제안했습니다. 이시구로가 이 책을 쓸 당시만 해도 일본 내에서는 사람마다 붕소를 부르는 방식이 모두 제각각이었습니다. 하지만 일본의 물리학자인 히라오카 모리사부로는 이 硼素[호소]라는 이름을 내세우며 비금속 원소의 일본어 이름을 일관적으로 '○素'의 형태로 통일하자고 제안했습니다. 이것이 받아들여지면서 점차 이 이름이 정착되기에 이르렀지요. 그리고 이 단어가 우리나라에 전해지면서 붕소라는 한국어 이름이 탄생했습니다.

이야기를 다시 게이뤼삭과 테나르가 붕소를 발견했던 시기로 되돌려 보면, 사실 영국의 화학자인 험프리 데이비Humphry Davy도 비숫한 시기에 붕소를 발견했습니다. 그런데 두 프랑스 화학자와는 다른 실험 방법을 택한 탓일까요? 데이비가 최종적으로 얻은 물질은 광택이 나는 금속성 물질이었습니다. 데이비는 이 새로운 원소가 금속이라고 생각했고, '붕사'를 의미하는 단어 borax에 금속 원소에 붙이는 접미사인 -ium을 더해 boracium[보레이시엄]이라는 영어 이름을 붙였습니다.

하지만 시간이 지나 이 원소는 금속이 아니라 비금속에 가까운 준금속(metalliod)이라는 사실이 밝혀지면서 영어 이름에 붙은 -ium이라는 접미사가 다소 어색해졌습니다. 그래서 앞서 명명한 비금속 원소인 탄소C의 영어 이름 carbon[카번]의 예를 따라 -ium 대신 -on을 붙이기로 결정했지요. 그렇게 탄생한 붕소의 영어 이름이 바로 boron[보런]입니다.

규소 Si

◇◇◇◇◇◇◇◇◇◇◇◇

지구에서 가장 흔하게 찾아볼 수 있는 무기화합물이 바로 이산화 규소SiO_2일 것입니다. 지각을 구성하는 원소 중 산소O 다음으로 가장 많은 것이 규소이기 때문이지요. 이산화 규소가 결정의 형태로 존재하는 것을 석영(石英)이라고 합니다. 석영은 철기 시대 이후 인류가 불을 피울 때 부싯돌로 널리 쓰였습니다.

부싯돌의 원리는 부시라고 불리는 쇠막대기를 석영으로 내리치면, 마찰에 의해 긁혀 떨어져 나가는 작은 철 부스러기가 공기 중 산소와 급격히 반응하면서 불이 붙는 것입니다. 휘날리는 불이 나무 조각이나 천과 같은 부싯깃에 떨어지면 불이 활활 타오릅니다. 여기서 알 수 있는 사실은 석영이 철보다 더 단단한 물질이라는 것입니다. 석영과 철을 서로 비비면 철이 긁히기 때문에 이런 현상이 일어날 수 있는 것이지요.

이렇듯 석영은 부싯돌의 대명사였기 때문에 석영을 구성하는 대표 원소인 규소의 이름은 라틴어로 '부싯돌'을 의미하는 단어인 silex[실렉스]에서 유래했습니다. 영국의 화학자 험프리 데이비는 이 단어에 –ium을 붙인 silicium[실리키움]을 라틴어 원소 이름으로 제안했습니다. 그의 제안은 비교적 수월하게 받아들여졌고, 첫 두 글자인 Si가 규소의 원소 기호가 되었습니다.

하지만 이후 밝혀진 바에 따르면 규소 역시 금속 원소가 아니라 비금속에 가까운 준금속이었습니다. 그래서 영어에서는 규소가 금속이 아님을 강조하기 위해 탄소C나 붕소B의 경우와 마찬가지로 접미사 –ium 대신 –on을 써서 silicon[실리컨]이라고 부릅니다. 이 단어는 규소라는 원소가 무엇인지 잘 모르더라도 많이 들어 봤을 것입니다. 미국의 첨단 정보 산업 단지인 실리콘 밸리(Silicon Valley)가 대표적이지요. 그렇다면 왜 이 산업 단지의 이름은 실리콘 밸리인 걸까요?

그 이유는 규소가 반도체 집적 회로 기판을 구성하는 주요 성분이기 때문입니다. 즉 반도체를 대표하는 단어로 규소의 영어 이름인 silicon이 쓰인 것입니다. 하지만 주의해야 할 것이 있는데, 이 단어를 주방 용품이나 방수, 성형 재료로 널리 쓰이는 silicone[실리콘]

반도체 집적 회로 생산에 필수적인 규소 웨이퍼

과 헷갈리면 안 됩니다. 영어 철자로 따지면 마지막에 e가 붙느냐 안 붙느냐의 차이입니다. e가 붙지 않은 단어는 규소를 의미하는 이름이지만, 이 이름 뒤에 e가 붙으면 폴리다이메틸실록세인(PDMS, poly-dimethylsiloxane)과 같이 규소와 산소의 결합을 주축으로 하는 고분자 물질을 의미하거든요. 애석하게도 한국어로는 둘 다 [실리콘]으로 읽히니 혼동하지 않도록 조심해야 합니다.

이 원소의 한자어 이름을 처음 제안한 사람 역시 우다가와 요안입니다. 그가 번역하던 네덜란드어 책은 험프리 데이비가 silicium이라는 이름을 제안하기 이전에 쓰인 책이었다고 합니다. 그래서 그 책에서는 이 원소를 keisteen-aarde라는 단어로 표현했습니다. keisteen[케이스테인]은 '부싯돌'을, aarde[아르더]는 '흙'을 의미합니다. '부싯돌을 만드는 토양 성분' 정도로 해석할 수 있겠지요.

우다가와 요안은 keisteen의 발음과 유사하게 [게이]라고 읽히는 한자인 홀 규珪와 '흙'을 의미하는 한자인 흙 토土를 합쳐 珪土[게이도]라는 이름을 만들었습니다. 하지만 비금속 원소의 일본어 이름을 '○素'의 형태로 통일하자는 주장에 따라 이 원소의 이름은 珪素가 되었습니다. 그 뒤 20세기에 들어서면서 앞 글자의 부수가 구슬옥변(王)에서 돌석변(石)으로 바뀐 硅素[게이소]라는 이름이 최종적으로 확정되었습니다. 일본에서 만든 이 한자어가 그대로 우리나라에 들어오면서 한국어에서는 이 원소를 규소라고 부릅니다.

이 규소 규珪라는 한자가 쓰이는 물질 중 가장 대표적인 것이 바로 규조토입니다. 최근에는 화장실 앞에 두고 젖은 발을 말리는 '규조토 매트'로도 많이 접할 수 있지요. 규조란 김이나 다시마, 호수에 사는 녹조처럼 물속에 살면서 광합성을 하며 살아가는 '조류 혹은 말'을 뜻하는 한자인 마름 조藻 앞에 규소 규硅를 붙인 말입니다. 참고로 우리말로는 돌말이라고 합니다. 이 식물성 플랑크톤의 세포벽은 주로 규소 산화물로 구성된 규산염으로 이루어져 있습니다. 규산염이 지각에서 흔히 발견되는 돌의 주요 성분이기 때문에 돌말이라는 이름이 붙었지요.

돌말이 죽을 때 내부는 분해되지만, 돌과 같은 성분인 세포벽은 분해되지 않기 때문에 바닥에 차곡차곡 쌓이게 됩니다. 이렇게 만들어지는 흙이 바로 규조토입니다. 수많은 규산염 껍질이 오랜 시간 동안 겹쳐서 쌓이다 보니 규조토 내부에는 작은 구멍이 수없이 포함되어 있습니다. 이로 인해 외부 물질을 굉장히 빠르게, 그리고 많이 흡수할 수 있지요.

이 성질 덕분에 스웨덴의 발명가인 알프레드 노벨Alfred Bernhard Nobel이 폭약으로 쓰이는 나이트로글리세린을 규조토에 흡수시켜 안정성을 높인 다이너마이트(dynamite)를 발명했다는 사실도 널리 알려져 있습니다.

비소 As

◇◇◇◇◇◇◇◇◇◇◇◇◇◇

조선 시대를 배경으로 한 사극에서는 사형 선고를 받은 관료가 독이 든 탕약을 마시는 장면을 종종 볼 수 있습니다. 유교 사상에 충실했던 옛 사대부들은 어차피 죽는 거라면 이렇게 깔끔한(?) 사형 방식을 원했다고 합니다. 다른 사형 집행 방식과는 달리 목숨을 잃더라도 신체 겉모습이 훼손되지 않았기 때문입니다. 이때 마시는 독약을 사약(賜藥)이라고 합니다. 흔히 이때 쓰는 한자를 죽을 사死로 알고 있지만 사실은 임금이 친히 하사한 약이라는 의미에서 줄 사賜를 씁니다.

김윤보金允輔가 그린 《형정도첩刑政圖帖》 중 관리가 사약을 받는 장면을 묘사한 그림. 오른쪽 위에 사약어양반(賜藥於兩班. 양반에게 사약을 내림)이라고 쓰여 있다.

사약의 주성분에 대해 명확히 밝혀진 바는 없지만, 많은 학자는 사약의 주 원료가 비상(砒霜)이었을 것이라 추측합니다. 비상은 삼산화 이비소As₂O₃ 계열의 광석인 비석(砒石)을 가열할 때 나오는 기체를 승화시켜 얻는 흰 고체 덩어리입니다. 아주 적은 양의 비상은 말라리아와 같은 병을 다스리는 약재로 사용되긴 했지만, 독성이 매우 강했기 때문에 이를 잘못 사용한 많은 사람의 목숨을 앗아간 무서운 독약이기도 했지요. 조선 시대 의학자인 허준이 쓴 《동의보감東醫寶鑑》에 다음과 같이 기술되어 있을 정도입니다.

비상은 큰 독이라 쉽게 먹지 못하니 약용으로 사용할 때에는 초(醋)에 달여 독을 죽여서 쓴다.

우다가와 요안은 이 원소를 소개할 때 비상과 관련된 원소라 해서 이름을 비상 砒로만 표기했습니다. 하지만 일본의 물리학자 히라오카 모리사부로는 자신의 책 《이화일기理化日記》에서 이 글자에 흴 소素를 합쳐 만든 砒素[히소]라는 이름을 제안했습니다. 많은 비금속 원소의 일본어 이름이 'O素'의 형태를 띠게 되면서 이 이름도 자연스럽게 정착되었지요. 이 단어가 한국어로 건너오면서 비소라는 한국어 원소 이름이 되었습니다.

서양에서는 조금 다른 방식으로 이름이 정해졌습니다. 비소가 포함된 광석 중에는 약재로 쓰는 비석뿐만 아니라 노란색 물감을 만드는 데 쓰이는 석황(石黃)도 있었습니다. 이 석황을 페르시아어로 zarnikh[자르니크]라고 불렀는데 이것이 그리스어를 거쳐 라틴어로 전달되면서 arsenicum[아르세니쿰]이 되었고, 이 단어는 석황에 포함된 유독 물질인 비소를 일컫는 라틴어 원소 이름이 되었습니다. 이 단어에서 비소의 원소 기호인 As 가 나왔습니다.

게오르크 프리드리히 케르스팅 Georg Friedrich Kersting의 〈수 놓는 여인〉(1817). 보기엔 아름답지만 셸레 그린으로 도배된 이 방은 비소의 독성이 가득했다.

비소가 인체에 유독한 이유는 체내에 흡수된 비소 원자가 생체 내 효소 분자에 존재하는 기능기에 강하게 결합하거나, 생명 활동에 필수적인 원자인 인 P을 대체해 버리는 바람에 정상적인 세포의 호흡 과정을 방해하기 때문이라고 알려져 있습니다. 불행히도 사람은 맛이나 냄새로 비소를 느끼지 못하기 때문에 예로부터 상대방을 은밀히 살해하는 데 비소 화합물이 널리 사용되었다고 합니다.

하지만 그 사실이 명백히 밝혀지기 전까지 사람들은 비소 화합물을 가까이하다가 영문도 모른 채 죽음을 맞이해야 했지요. 가장 대표적인 사례가 바로 셸레 그린(Scheele's green)이라고 하는 아(亞)비소산 구리 화합물입니다. 과거 사람들은 녹색을 띠는 안료를 얻기 위해 구리cu에서 녹청(綠靑)이라는 염을 뽑아냈는데, 이게 보통 까다로운 과정이 아니었습니다. 게다가 녹청은 시간이 지나면 산화되어 점차 짙은 갈색으로 변색되는 문제가 있었습니다. 이를 대체할 물질로 각광받은 셸레 그린은 쉽게 합성할 수 있었고, 선명하고 안정적인 녹색을 띠는 덕분에 실내 벽지는 물론 옷에도 쓰일 정도였다고 합니다. 하지만 셸레 그린이 만드는 녹색의 아름다움에 눈먼 사람들은 언제부터인가 원인 모를 증상을 겪으며 죽어갔습니다. 훗날 모든 원인이 셸레 그린에 포함된 비소라는 사실이 밝혀지게 되면서 한때 많은 이를 매혹했던 이 녹색 안료는 두 번 다시 사용할 수 없게 되었습니다.

이렇게 유독한 비소는 살서제(殺鼠劑), 즉 쥐약에 아직까지도 널리 쓰입니다. 곡식을 갉아먹고 온갖 병을 퍼트리는 쥐는 예전부터 늘 농촌의 골칫거리였는데, 비소를 포함한 물질을 곳곳에 뿌려두면 쥐를 몰아낼 수 있다는 것을 사람들이 경험으로 알게 된 것이지요. 비소의 독성이 워낙 강하다 보니 쥐처럼 웬만한 덩치를 가진 포유류도 쉽게 죽일 수 있었습니다. 이런 특성 때문인지 러시아어로는 비소를 mysh'yak[므쉬악]이라고 합니다. '쥐'를 뜻하는 러시아어 단어가 mysh[므쉬]라는 것을 생각해 보면 쥐약이 그대로 비소를 지칭하는 단어가 된 셈이지요. 쥐를 단번에 죽일 수 있는 비소의 독성이 곧 이름이 될 만큼 인상적이었던 걸까요?

앙투안 라부아지에

1743년에 태어난 라부아지에는 유명한 변호사인 아버지의 적극적인 지원 덕분에 파리 대학의 콜레주 마자랭(Collége Mazarin)에서 수준 높은 교육을 받고 남부럽지 않은 어린 시절을 보냈습니다. 명석한 두뇌를 가졌던 그는 플로지스톤설을 폐기하고 질량 보존의 법칙을 발견하는 등 화학 분야에서 큰 업적을 남겼을 뿐만 아니라, 프랑스 전국의 길이와 무게 단위를 통일하는 데 크게 기여하기도 했습니다.

그러나 1768년, 그는 부를 더 축적하고자 하는 욕심 때문이었는지 세금 징수원이 되는 길을 선택했습니다. 무역상들의 밀수와 사기를 적발하고 파리에 드나드는 물건들에 세금을 관리하는 일을 하면서 라부아지에는 돈을 엄청나게 많이 벌었고, 그 돈으로 최고급 장비와 재료를 사는 등 연구에 돈을 아낌없이 쓸 수 있었습니다. 값비싼 다이아몬드를 거대한 렌즈 장치로 태울 수 있었던 것도 다 그 덕분이었습니다. 물론 일반 사람들에게 이런 장비와 연구는 모두 사치스러운 것으로 보였을 것입니다. 당시 프랑스 서민들은 자신들의 재산을 쥐어짠다고 생각해서 부유한 세금 징수원들을 굉장히 미워했지요.

프랑스 혁명 시기 세워진 정부는 옛 체제에서 권력을 누린 성직자와 귀족에 단호한 태도를 취했습니다. 세금 징수원으로서 큰 부를 축적해 왔던 라부아지에도 이 혁명의 소용돌이에서 벗어날 수는 없었습니다. 결국 라부아지에는 1794년 전직 세금 징수원들과 함께 처형당하고 말았습니다. 그의 죽음을 애석하게 여긴 조제프루이 라그랑주Joseph-Louis Lagrange는 이런 말을 남겼다고 합니다.

그의 머리를 베어버리는 건 한순간에 지나지 않겠지만, 똑같은 머리를 다시 만들려면 100년도 더 걸릴 것이다.

프랑스의 화가 자크루이 다비드Jacques-Louis David가 그린 앙투안 라부아지에와 그의 아내 마리안 라부아지에Marie-Anne de Lavoisier. 남편이 프랑스 혁명 시기 단두대에서 처형된 뒤 마리안 라부아지에는 앙투안 라부아지에의 명성을 되살리려고 끊임없이 애썼다.

5장

염을 만드는 원소

염소 Cl

플루오린 F

아이오딘 I

브로민 Br

19세기 동안 많은 화학자가 다양한 염과 광물을 연구하다가
염소 또는 아이오딘과 비슷한 성질을 가지는 미지의 원소가 있을 것이라고
추측했다. 하지만 그 물질을 분리하기는 굉장히 어려웠다.

– 앙리 무아상Henri Moissan의 노벨상 수상 업적을 소개하는 글에서

곧 자세히 소개하겠지만, 염소Cl의 영어 이름 chlorine[클로린]은 영국의 화학자 험프리 데이비가 지었습니다. 하지만 비슷한 시기에 활동했던 독일의 화학자 요한 슈바이거Johann Schweigger는 이 원소를 부르기에 더 적절한 단어가 있다며 새로운 이름을 제안했는데, 이 이름을 영어로는 halogen[할로젠]이라고 읽었습니다. 슈바이거가 새로운 이름을 제안한 이유는 이 원소가 짠맛을 낼 때 음식에 넣는 염화 소듐$NaCl$, 즉 소금을 구성하는 성분이었기 때문입니다. 따라서 '소금'을 의미하는 고전 그리스어 háls에 '낳다'라는 의미가 포함되도록 genein을 붙여 만든 halogen이야말로 이 원소의 특성을 더 잘 나타낸다고 본 것입니다. 하지만 데이비는 유럽 전역에서 슈바이거보다 훨씬 유명한 스타 과학자였기 때문에 슈바이거의 halogen보다는 데이비의 chlorine이라는 이름이 사람들 사이에서 널리 쓰였습니다.

하지만 슈바이거의 제안은 헛되지 않았습니다. 여러 화학자가 노력한 끝에 염소처럼 알칼리 금속과 결합해 다양한 염(鹽)을 만들어내는 원소들인 플루오린F, 브로민Br, 아이오딘I 등이 추가로 알려졌는데, 스웨덴의 화학자 옌스 베르셀리우스는 이 원소들을 한데 묶어 부를 명칭으로 슈바이거가 제안했던 단어인 halogen을 선택했습니다. 현대 화학에서는 원소주기율표상 17족에 속하는 원소들을 할로젠족이라고 부릅니다. 훗날 앞에서 언급한 원소 외에 아스타틴At과 테네신Ts도 17족에 추가되었지요. 이번 장에서는 할로젠족에 속하는 원소들의 이름에 관해 이야기하겠습니다.

염소 Cl

◇◇◇◇◇◇◇◇◇◇◇

소금 하면 무엇이 떠오르나요? 우리나라 서해에는 바닷물을 증발시켜 소금을 생산하는 천일염전이 굉장히 많다 보니 보통은 바닷물을 떠올릴 것입니다. 하지만 전 세계에서 생산되는 소금 대부분은 의외로 바닷물이 아니라 땅에서 캐낸 소금 광물과 그것을 녹인 물에서 얻는다고 합니다. 소금 광물은 염화 소듐NaCl이 돌처럼 단단하게 굳은 소금 결정으로 암염이라고 부릅니다.

그러나 몇몇 화학자에게 암염은 소금을 생산하는 원료이기보다 한낱 실험 재료에 불과했습니다. 어느 날 독일의 화학자인 요한 글라우버Johann Rudolf Glauber는 암염에 황산을 떨어뜨리자 어떤 기체가 부글부글 끓어 나오는 것을 확인했습니다. 그는 이 기체를 독일어로 소금의 영혼(Salzgeist)이라고 불렀고, 이후 많은 화학자가 이 '소금의 영혼'으로 여러 가지 실험을 진행했습니다.

그중 스웨덴의 화학자 칼 셸레Carl Wilhelm Scheele는 소금의 영혼에 이산화 망가니즈MnO_2로 구성된 연망간석(pyrolusite)을 넣고 가열했습니다. 그러자 놀랍게도 황록색을 띤 기체가 발생하는 것을 알게 되었습니다. 셸레 역시 플로지스톤의 존재를 지지하던 사람이었기 때문에 이 황록색 기체는 탈플로지스톤화 반응에 의해 생겨난 것이라고 굳게 믿었지요.

하지만 플로지스톤의 존재가 앙투안 라부아지에에 의해 완전히 부정당한 이후 사람들은 이 황록색 기체가 산소O와 화합한 산화물이라고 생각했습니다. 그러나 영국의 화학자 험프리 데이비는 여러 번 실험을 진행한 끝에 이 황록색 기체가 화합물이 아닌 홑원소 물질이라는 것을 증명해 냈습니다.

데이비는 기체의 색깔에 착안해서 '황록색'을 의미하는 고전 그리스어 khlōrós[클로로스]에 접미사 −ine를 붙여 chlorine[클로린]이라는 단어를 만들고 이것을 새 원소의 이름으로 제안했습니다. 여기에서 라틴어 이름 chlorum[클로룸]이 탄생했고, 두 글자를 딴 Cl은

파키스탄 펀자브Punjab 지역의 암염에서 얻은 소금. 염화 소듐 외에 다른 염들이 포함되어 있어 색깔이 엷은 분홍색을 띤다.

염소의 원소 기호가 되었습니다.

그런데 122쪽에서 언급한 것처럼 독일의 화학자 요한 슈바이거가 염소의 더 적절한 이름으로 halogen[할로젠]을 제안한 바 있었습니다. chlorine이 더 널리 쓰이긴 했지만, 초반에는 halogen이라는 단어를 선호한 네덜란드 사람도 꽤 있었던 모양입니다. 비록 현대 네덜란드어로는 염소를 chloor[흘로르]라고 부르지만, 당시 네덜란드 사람들은 슈바이거가 halogen이라는 단어를 만든 원리를 그대로 활용해서 네덜란드어 이름을 지었습니다. '소금'을 의미하는 고전 그리스어 háls 대신 네덜란드어 zout[자우트]를 쓰고, 거기에 stof를 붙여 zoutstof[자우트스토프]라는 단어를 썼던 것이지요. 이를 본 우다가와 요안은 소금 염鹽에 흴 소素를 더해 鹽素[엔소]라는 이름을 붙였고, 이 단어가 한국으로 들어와 염소가 된 것입니다.

염소는 표백과 살균을 할 때 특히 자주 사용됩니다. 염소가 물과 만나면 하이포아염소산HClO을 생성합니다. 이 분자가 이온화할 때 만들어지는 하이포아염소산 이온이 다양한 유기화합물을 산화 및 분해하지요. 우리가 가정에서 흔히 접할 수 있는 락스가 바로 이 하이포아염소산 이온을 포함하는 수용액인데, 적당히 희석해서 쓴다면 집 안 살균, 소독, 세척, 표백에 매우 유용한 물질입니다.

하지만, 표백과 살균 능력이 탁월하다는 건 반대로 얘기하면 흡입했을 때 굉장히 위험한 물질이란 뜻이겠지요? 실제로 독일군은 제1차 세계대전 중에 염소 기체로 독가스를 만들어 연합군 진영에

살포하곤 했습니다. 놀랍게도 염소 기체를 독가스로 쓰기 위해 연구한 사람과 공기 중의 질소로부터 비료를 만드는 화학 반응 공정을 개발해 인류를 기아의 공포에서 해방시킨 사람은 동일 인물이었습니다. 바로 독일의 화학자 프리츠 하버Fritz Haber입니다. 그는 질소 고정 기술을 개발한 공로로 1918년 노벨화학상을 수상했지만, 동시에 독가스를 개발해 많은 인명을 앗아갔다는 비난을 피할 수는 없었습니다.

염소는 수소를 비롯해 매우 다양한 금속 원소들과 반응해서 염화물을 만들어냅니다. 수소와 염소가 반응한 것이 염화 수소HCl인데, 염화 수소를 높은 농도로 물에 녹인 물질인 염산은 음식물을 먹은 직후 우리 위에서도 분비되는 물질입니다. 겨울철 도로에 쌓인 눈을 얼어붙기 전에 빨리 녹이려고 뿌리는 물질은 염화 칼슘$CaCl_2$이고, 두부를 만들 때 쓰는 간수의 주성분 중 하나는 염화 마그네슘$MgCl_2$이지요. 그리고 사형 제도를 폐지하지 않은 나라에서는 사형수에게 심장을 정지시켜 사망에 이르게 하는 약물을 주입하는데, 이때 주입하는 약물이 바로 염화 포타슘KCl 수용액입니다. 염을 만든다는 이름에 걸맞게 수많은 염화물들이 염소로부터 만들어져 다양한 목적으로 사용되고 있습니다.

플루오린F

독일의 광산업자들은 광석을 달궈서 금속을 얻는 제련 과정 중, 융제(融劑)라고 부르는 물질을 함께 넣어주면 금속의 녹는점이 낮아져 제련을 더 수월하게 할 수 있다는 사실을 경험으로 알고 있었습니다. 플루오린화 칼슘CaF_2으로 구성된 형석이라는 돌이 대표적인 융제로 쓰였습니다. 광물학의 아버지라고도 불리는 게오르기우스 아그리콜라Georgius Agricola는 이 돌이 금속을 녹아 흐르게 만든다고 해서 '흐르다'라는 뜻을 가진 라틴어 동사 fluere에서 유래한 fluores[플루오레스]라는 이름으로 불렀습니다.

형석에 관해서 사람들이 경험적으로 알고 있던 또 다른 사실은 바로 형석에 산을 반응시켜 얻은 물질이 유리를 녹일 수 있다는 것이었습니다. 그래서 유럽의 유리 세공업자들도 유리 제품을 만들 때 형석을 이용하곤 했지요. 이 현상에 관심을 가졌던 스웨덴의 화학자 칼 셸레는 형석에 황산을 부었을 때 나오는 부식성 물질이 산의 일종이라는 것을 알게 되었습니다.

그런데 4장에서 이야기했듯이 앙투안 라부아지에는 산소O가 산을 만드는 요소라고 주장한 바 있습니다. 그래서 셸레를 비롯한 많은 화학자는 형석에서 얻은 미지의 산성 물질에서 산소만 제거한다면 새로운 원소를 발견할 수 있을 것이라 믿었습니다.

프랑스의 물리학자이자 전류 단위 암페어(A)의 유래가 된 앙드레마리 앙페르André-Marie Ampère는 이 산성 물질을 물에 녹인 뒤 전기 분해하면 새로운 원소로 구성된 홑원소물질 기체를 얻을 수 있을 거라고 추측했습니다. 그는 험프리 데이비에게 보낸 편지에서 이 원소를 fluores로부터 유래한 프랑스어 단어 fluorine[플뤼오린]이라 불렀는데, 데이비가 영국 왕립 학회지에 게재한 논문을 통해 앙페르가 제안한 이름을 영단어 fluorine[플루오린]으로 소개한 덕분에 이 이름이 널리 알려지게 되었습니다. 이 이름으로부터 라틴어 이름 fluorum[플루오룸]이 나왔고, 첫 글자인 F가 플루오린의 원소 기호가 되었습니다.

한국어 원소 이름은 바로 이 영단어 fluorine에서 온 플루오린인데, 사실 우리나라 사람들은 아직 1998년 명명법이 개정되기 전 이름인 불소(弗素)가 더 익숙할 것입니다. 이 이름은 일본어에서 유래했습니다. 본래 이 원소 이름을 처음 번역한 우다가와 요안은 음역한 명칭인 弗律阿里涅[후류오리네]라는 이름을 처음 제안했다고 합니다. 하지만 앞에서 쭉 설명했듯이 일본의 물리학자 히라오카 모리사부로는 비금속 원소의 일본어 이름을 일괄적으로 'ㅇ素'의 형태로 만들자고 주장했지요. 이에 따라 가장 첫 글자인 아닐 불弗을 활용해서 弗素[훗소]라는 이름을 새로 지어주었습니다. 그리고 이 단어가 한국으로 오면서 불소가 되었던 것입니다. 비록 정식 명칭은 바뀌었지만, 불소라는 단어는 여전히 일상에서도 많이 쓰이고 있습니다. 충치를 예방하는 성분으로 수돗물과 치약에 첨가되는 것이 무엇이냐고 물어보면 십중팔구는 불소라고 대답할 정도입니다.

플루오린은 전기 음성도가 굉장히 높은 원소인지라 원소 이름을 제안한 데이비조차 플루오린을 홑원소물질로 분리하는 데 번번이 실패했습니다. 그 뒤 무려 70여 년이 지나서야 프랑스의 화학자

플루오린 기체를 분리한 공로로 노벨화학상을 받은 앙리 무아상. 그를 포함해 많은 화학자가 플루오린 연구로 인해 목숨을 잃었기에 플루오린 순교자(fluorine martyrs)라는 말까지 나돌았다.

앙리 무아상Henri Moissan이 처음으로 플루오린 기체F_2를 분리해 냈지요. 무아상은 이 어려운 일을 해낸 공로로 1906년 노벨화학상을 수상했습니다. 하지만 인체 유해성이 높은 플루오린을 다룬 대가는 혹독했습니다. 플루오린으로 인해 시력을 잃고 건강을 해친 무아상은 노벨상 수상 이듬해인 1907년에 급성 맹장염으로 세상을 떠나고 말았습니다.

사실 플루오린이 피부나 호흡기에 노출되면 인체에 심각한 악영향을 미친다는 것과 플루오린화 수소HF가 다른 산과는 달리 유리를 부식시킨다는 것은 예전부터 널리 알려진 바 있었습니다. 그래서 플루오린이라는 이름을 처음 제안했던 앙페르는 이 문제를 심각하게 받아들이자는 의미로 1816년에 다시 논문을 써서 이 원소 이름을 '파괴적인, 유해한'이라는 뜻의 고전 그리스어 fthórios[프토리오스]에서 온 phthore[프토르]로 교체하자고 제안했습니다. 애석하게도 서유럽 지역에서는 이미 플루오린이라는 이름이 널리 쓰이고 있었기에 앙페르의 제안은 잊혔지만, 러시아어와 그리스어에서는 앙페르의 수정을 받아들여 각각 ftor[프토르], fthório[프토리오]라고 부른답니다.

아이오딘[1]

◇◇◇◇◇◇◇◇◇◇◇◇◇◇◇◇◇◇

19세기 초 유럽은 전쟁의 포화에 휩싸여 있었습니다. 바로 프랑스 제국의 황제로 등극한 나폴레옹 보나파르트Napoleon Bonaparte가 전쟁을 일으켰기 때문입니다. 거의 모든 유럽 국가를 상대로 전쟁을 수행해야 했던 당시 프랑스군이 절실히 필요로 했던 물건은 다름 아닌 초석(硝石)이었습니다. 질소의 이름을 이야기할 때 잠깐 언급했던 초석은 질산 포타슘KNO₃으로 구성된 물질로 화약을 만드는 데 주로 사용되었지요. 총과 대포를 쓰려면 반드시 넉넉히 가지고 있어야 할 전략 자원이었습니다.

프랑스의 화학자 베르나르 쿠르투아Bernard Courtois는 최대한 많은 초석을 생산해야 한다는 국가적 과제를 도맡은 사람이었습니다. 뒤에서 더 자세히 소개하겠지만, 질산 포타슘을 구성하는 포타슘K은 식물의 재에서 많이 얻을 수 있습니다. 그러나 태울 목재도 모자랐던 쿠르투아는 프랑스 서부 해안에서 자라는 해초들까지 태워가며 질산 포타슘을 생산하고 있었지요.

그러던 어느 날 쿠르투아는 해초를 태운 찌꺼기를 씻어내려고 사용을 마친 반응기에 황산을 부었습니다. 그러자 반응기 안에서 보

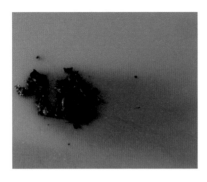

아이오딘은 공기 중에서 서서히 승화하며
보라색 기체를 내는 것으로 알려져 있다.

랏빛 연기가 발생했고, 이내 내부 벽에 보라색 결정들이 덕지덕지
붙어 있는 것을 발견했습니다.

뭔가 심상치 않은 화학 반응이 일어난 것이 분명했지만, 초석
생산에 여념이 없던 쿠르투아가 관련 연구를 심도 있게 진행하기는
어려운 상황이었습니다. 그래서 그는 친분이 있던 프랑스 화학자들
에게 보라색 물질을 전달하면서 연구해 달라고 부탁했습니다.

하지만 연구는 지지부진했습니다. 어찌나 연구가 느리게 진행
되던지, 정작 뒤늦게 이 물질을 전달받아 연구하기 시작한 프랑스의
화학자 조제프 게이뤼삭과 영국의 화학자 험프리 데이비가 더 빨리
연구를 마무리했을 정도였습니다. 아무튼 1813년, 이 보랏빛 물질의
정체가 새로운 원소의 홑원소물질이라는 사실이 연속으로 게재된
논문 세 편을 통해 알려졌습니다.

게이뤼삭은 이 원소가 보라색이라는 특징에 주목해서 고전 그
리스어로 '보라색'을 의미하는 ioeidés[이오에이데스]로부터 iode[요

132

드]라는 프랑스어 단어를 만들고 이를 새로운 원소의 이름으로 제안했습니다. 이 이름으로부터 라틴어 이름 iodium[이오디움]이 만들어졌고, 첫 글자인 I가 원소 기호로 채택되었습니다.

독일어로는 이 원소를 Jod[요트]라고 불렀습니다. 하지만 영어를 사용했던 데이비는 앞에서 언급한 염소Cl와 플루오린F의 예를 따라 통일성을 갖추기 위해 -ine라는 접미사를 붙여 iodine[아이오딘]으로 불러야 한다고 주장했습니다.

한국어 원소 이름은 1998년 무기화합물 명명법이 개정되기 전에는 독일어 이름에서 유래한 요오드였다가, 개정된 이후에는 영어 이름을 따라 아이오딘이 되었습니다. 하지만 구급약이자 녹말을 검출할 때 사용하는 아이오딘-아이오딘화 포타슘KI 에탄올 용액을 아직도 독일어 Jodtinktur에서 유래한 요오드 팅크라고 부르듯이, 여전히 요오드라는 이름을 훨씬 많이 사용하고 있습니다.

아이오딘 화합물을 옥화물(沃化物)이라고 부르는 경우를 옛 문서 등에서 드물게 찾아볼 수 있는데 이것은 일본어의 영향입니다. 처음에 일본에서는 이 원소를 沃顚[요텐], 沃陳[요지우무]라고 썼는데, 히라오카 모리사부로는 앞에서 소개한 불소처럼 원소 이름의 첫 음절인 [요]를 나타내는 한자로 기름질 옥沃을 쓰고 거기에 흴 소素를 합쳐 沃素[요소]를 제안했습니다. 이후 일본에서는 아이오딘을 이 이름으로 부르고 있습니다. 한국 한자어로 발음하면 [옥소]가 되는데, 오늘날 우리나라에서 아이오딘을 옥소라고 쓰는 경우는 찾아

보기 매우 어렵지요.

우리가 실생활에 사용하는 식물성 기름은 아이오딘과 쉽게 반응하는데, 이는 아이오딘이 기름 분자 내에 존재하는 불포화 결합에 첨가될 수 있기 때문입니다. 기름 100g당 결합할 수 있는 아이오딘의 양을 아이오딘값 또는 옛날 말로 요오드가(價)라고 합니다. 이 아이오딘값이 높을수록 불포화 결합이 많은 기름, 즉 불포화 지방이 됩니다. 불포화 지방은 공기 중에 두면 산소0와 반응하면서 딱딱하게 굳어버리지요. 이런 성질을 가진 들기름이나 아마인유 같은 기름을 건성유(乾性油)라고도 한답니다.

반대로 아이오딘값이 낮은 올리브유나 팜유는 포화 지방이라고 하고 불건성유(不乾性油)로 분류합니다. 물론 기름은 상온에서 절대로 증발하지 않지만, 사람들은 기름이 딱딱하게 굳는 현상을 마르는 것에 비유했기 때문에 이런 특성을 나타내기 위해 마를 건(乾)을 썼다는 사실도 기억해 두면 좋겠습니다.

브로민 Br

◇◇◇◇◇◇◇◇◇◇◇◇◇◇◇

브로민을 처음 발견한 사람 중 하나는 프랑스의 화학자인 앙투안 발라르Antoine Jérôme Balard입니다. 프랑스의 몽펠리에Montpellier에서 공부하던 발라르는 해조류를 태운 뒤 염소Cl와 반응시켜 얻은 물질들을 조사하고 있었습니다. 그러다 이전에는 보지 못했던 색깔의 액체가 만들어지는 것을 발견했습니다.

호기심이 생긴 발라르는 연구 끝에 이 물질을 분리하는 데 성공했고, 이 물질에서 그전에는 느끼지 못했던 특이한 냄새가 난다는 것도 알아냈습니다. 그는 이 냄새의 원인이 밝혀지지 않은 새로운 원소와 관련되어 있을 것이라는 사실을 직감했지요. 이에 발라르는 논문에서 해조류로부터 새로운 원소를 발견했다고 해서 '바닷물'을 의미하는 라틴어 단어 muria[무리아]에서 만든 프랑스어 단어 muride[뮈리드]라는 이름을 처음으로 제안했습니다.

하지만 당대의 저명한 과학자였던 조제프 게이뤼삭의 생각은 달랐습니다. 발라르의 논문 발표 이후 muride에 대한 연구 결과가 하나둘씩 보고되었는데, 이 원소의 특성이 염소Cl와 아이오딘I의 특성과 무척 유사하다는 점이 주목을 받았습니다. 앞에서 설명했듯이 염소와 아이오딘은 모두 홑원소물질일 때의 색깔을 의미하는 고전 그리스어 단어를 기반으로 그 이름이 지어졌습니다. 더구나 아이오딘의 프랑스어 이름은 게이뤼삭이 제안한 것이기도 했습니다. 그러니 게이뤼삭은 같은 범주에 속하는 것으로 추측되는 이 새로운 원소의 이름도 바닷물과 관련된 muride보다는 원소의 특성과 직접적으로 관련된 이름을 가져야 한다고 생각했던 모양입니다.

브로민의 가장 큰 특징은 바로 자극적이고 불쾌한 냄새가 난다는 것이었습니다. 그래서 게이뤼삭은 '악취'를 의미하는 고전 그리스어 brômos[브로모스]로부터 프랑스어 이름 brome[브롬]을 만들고 이를 새로 제안했습니다. 프랑스 학계에서 게이뤼삭의 영향력이 워낙 컸기에 사람들은 최초 발견자인 발라르가 제안한 muride보다 brome이라는 이름을 더 자주 사용했고, 그것이 지금까지 이르게 되었습니다. 여기에서 라틴어 이름 bromium[브로미움]이 나왔습니다. 원소 기호 Br 역시 이 이름의 첫 두 글자를 따서 결정되었지요.

한편 영어에서는 이 원소가 할로젠족이라는 것을 나타내기 위해 접미사 -ine을 붙여 bromine[브로민]이라고 부릅니다. 반면 독일어로는 프랑스어 이름을 그대로 따라 Brom[브롬]이라고 부르지요. 한국어 원소 이름은 1998년 명명법 개정 이전에는 독일어를 따른 브롬이었지만, 개정 이후에는 영어를 따라 브로민이 되었습니다. 하지만 단어가 더 짧고 익숙하다 보니 브로민 대신 브롬이라고 부르는 사람도 많습니다.

간혹 옛 문서에서 브로민 화합물을 취화물(臭化物)이라고 부르는 경우도 있는데, 이 역시 일본어의 영향입니다. 일본에서는 불쾌한 냄새를 만들어낸다는 뜻으로 냄새 취臭에 흴 소素를 합쳐 臭素[슈소]로 불렀거든요. 한국 한자어로 발음하면 [취소]가 됩니다. 이 이름이 브롬이나 브로민을 대신해 원소 이름으로 사용된 적은 거의 없지만 화합물의 이름을 부를 때 드물게 쓰이기도 합니다.

혹시 연예인의 모습이 담긴 거대한 사진을 본 적이 있나요? 보통 팬들을 위해 벽에 붙이거나 걸어두는 용도로 만들지요. 일본에서는 이런 거대한 사진을 ブロマイド[브로마이도]라고 부릅니다. 우리나라에서도 이 영향으로 이런 인쇄물을 브로마이드라고 합니다. 일본에서 1920년대에 최초로 선보인 브로마이드는 연예인의 인기를 가늠하는 척도로도 활용되었습니다.

이 거대한 사진이 브로마이드라고 불린 이유는 사진이 빛에 반

과거 카메라에 들어가 있던 사진용 필름. 렌즈를 통해 맺힌 상을 기록하기 위해 필름에는 빛에 매우 민감한 브로민화 은이 포함되어 있었다.

응하는 감광제로 브로민화 은AgBr을 사용한 종이 위에 현상되었기 때문입니다. 브로민화 은을 영어로 silver bromide[실버 브로마이드] 라고 하기 때문에 줄여 부르기 좋아하는 일본인들이 이를 처음에 プロマイド[푸로마이도]라고 부르다가 브로마이도로 정착했고, 이것이 한국 대중 문화에 유입된 것이지요. 대중 문화에서 화합물의 이름이 널리 사용된다니 조금은 의외지요?

브로민의 발견과 관련해 조금은 안타까운 일화도 있습니다. 사실 발라르보다도 일찍 브로민을 발견한 사람이 있었으니, 바로 독일의 하이델베르크Heidelberg에서 박사 과정을 밟고 있던 카를 뢰비히Carl Löwig라는 학생이었습니다. 1825년 가을, 뢰비히는 연구를 하다가 불쾌한 냄새가 나는 진한 붉은색 액체를 얻었습니다. 뢰비히의 지도교수는 이것이 새로운 물질임을 직감하고 이 액체를 보다 많이 만들어달라고 요청했지요. 하지만 바쁜 생활에 쫓긴 뢰비히의 작업이 늦어지는 사이 1826년에 발라르의 논문이 《화학물리학연보 Annales de chimie et de physique》에 먼저 게재되고 말았습니다. 만일 뢰비히가 브로민과 관련된 논문을 최초로 썼다면, 브로민은 어쩌면 완전히 다른 이름으로 불렸을지도 모를 일입니다.

조제프 게이뤼삭

지역 법관이자 궁정 관료이기도 했던 앙투안 게이Antoine Gay는 프랑스 혁명의 여파로 1793년에 약 1년 동안 감옥에 갇혀 고초를 겪었습니다. 하지만 훗날 그의 아들은 프랑스 혁명 시기에 과학 기술 관료를 길러내기 위해 세운 에콜 폴리테크니크(École polytechnique)에서 수준 높은 교육을 받고 저명한 과학자가 되었습니다. 프랑스 혁명은 그에게 고통을 주었지만, 집안에 또 다른 기회를 제공한 셈이기도 했지요. 이 아들이 바로 조제프 게이뤼삭입니다.

과학과 수학을 좋아했던 게이뤼삭은 1801년 프랑스의 화학자 클로드 베르톨레Claude Louis Berthollet의 조교가 되어 아르케이 Arcueil라는 지역에서 연구를 수행했습니다. 그 연구의 첫 결실은 바로 '온도가 올라갈 때 모든 기체의 부피는 같은 비율로 증가한다'라는 연구 결과였습니다. 이 기체 법칙은 프랑스의 과학자인 자크 샤를Jacques Charles의 이름을 따서 샤를의 법칙이라는 이름으로 더 널리 알려져 있습니다. 유럽의 몇몇 국가는 게이뤼삭의 법칙이라고도 부르지만, 우리나라를 비롯한 대부분의 국가에서는 다른 법칙에 게이뤼삭의 이름을 붙였습니다. 일반적으로 게이뤼삭의 법칙이란 같은 온도와 압력에서 반응하는 기체와 생성되는 기체 사이에는 간단한 정수비가 성립한다는 기체 반응의 법칙을 의미합니다.

이처럼 물리학은 물론 원소 발견의 역사에서도 중요한 역할을 담당했던 게이뤼삭은 영국의 화학자 험프리 데이비와 영원한 맞수였습니다. 에콜 폴리테크니크의 동료 교수인 루이 테나르와 함께 연구했던 게이뤼삭은 소듐Na, 포타슘K, 붕소B, 염소Cl, 아이오딘I을 발견할 때마다 번번이 데이비와 맞부딪지요.

훗날 프랑스의 물리학자 프랑수아 아라고Francois Arago는 물리학과 화학 두 분야를 넘나들며 뚜렷한 업적을 남긴 게이뤼삭을 '기발한 물리학자이자 뛰어난 화학자'로 회상했다고 합니다.

조제프 게이뤼삭의 초상화

6장

고귀하신 기체 원소

아르곤 Ar

크립톤 Kr

네온 Ne

제논 Xe

라돈 Rn

헬륨 He

진보는 시행착오를 통해 이뤄진다.

기록되지 않을 뿐, 성공보다 실패가 훨씬 많은 법이다.

— 윌리엄 램지 William Ramsay

6장의 주인공이라고 할 수 있는 인물은 1904년 노벨화학상을 받은 스코틀랜드의 화학자 윌리엄 램지William Ramsay입니다. 그는 1894년에 아르곤Ar을 발견한 것을 시작으로 1898년에는 크립톤Kr과 네온Ne, 제논Xe을 차례로 발견해 냈습니다. 이전에는 헬륨He밖에 없었던 쓸쓸한 18족에 새 식구들을 일거에 소개해 준 셈입니다. 이 기체들은 하나같이 다른 원소를 만나도 거의 반응하지 않았습니다. 마치 금이나 백금과 같은 귀금속들이 다른 금속에 비해 현저히 낮은 반응성을 보여주는 것과 비슷했지요.

독일의 화학자인 후고 에르드만Hugo Erdmann은 이런 기체들을 아울러 부르는 이름으로 Edelgas[에델가스]라는 단어를 만들었는데, 고귀한 (edel) 기체(Gas)라는 뜻이었지요. 이것이 영어로 전달되어 같은 뜻을 가지는 noble gas[노블 개스]가 되었습니다. 우리나라는 이 기체들이 낮은 화학적 활성을 가지고 있다고 해서 비활성 기체라고 부르고, 중국에서는 이 기체들이 대체로 희박하게 존재한다고 해서 희유기체(稀有气体)라고 부릅니다. 이제 이 고귀하고 희귀한 비활성 기체들의 이름에 관해 알아볼까요?

아르곤 ^{Ar}

윌리엄 램지는 어느 날 레일리 경Lord Rayleigh이라 불리는 영국의 유명한 물리학자 존 스트럿John William Strutt의 강의를 듣고 있었습니다. 레일리 경은 당시 자신이 얻은 이상한 실험 결과를 이야기했습니다. 공기 중에 존재하는 질소 기체N₂와 화학적으로 합성해서 만든 질소 기체의 밀도로부터 질소N의 원자량을 계산해 보니 희한하게도 그 값이 서로 다르더라는 내용이었습니다. 둘 다 똑같이 질소 원자 두 개가 결합해 형성된 질소 분자일 텐데, 왜 질소 원자량이 달랐던 걸까요? 도무지 이 사실을 이해할 수 없었던 레일리 경은 실제로《네이처Nature》에 게재한 논문에서 이렇게 말할 정도였습니다.

> 질소 밀도와 관련해서 최근에 얻은 측정 결과를 저는 도무지 이해할 수 없습니다. 두 방법으로 얻은 질소의 밀도는 분명히 다릅니다. 비록 차이가 1/1000 정도로 작긴 하지만 이 정도면 실험 오차에 의한 값보다는 크기 때문에, 이것은 반드시 기체의 어떤 특성 변화 때문일 것이라고 생각합니다. 아무래도 독자 여러분이 이 결과에 대한 이유를 알려주셨으면 합니다.

흥미를 느낀 램지는 거의 100여 년 전 영국의 화학자인 헨리 캐번디시Henry Cavendish가 했던 실험을 반복해 보았습니다. 그 실험은 공기에 산소O를 더 가해서 전기 불꽃을 일으켜 공기 중 산소와 질소를 모두 화합시킨 뒤, 이것을 염기성 용액에 통과시켜 당시 공기 중에 존재한다고 알려진 모든 기체 분자를 제거하는 실험이었습니다. 레일리 경을 비롯한 당시 사람들은 공기 중에 질소, 산소O_2, 이산화 탄소CO_2, 물H_2O이 존재한다고 믿었습니다. 만약 정말 그랬다면 캐번디시의 실험 이후에는 용기 안에 그 어떠한 기체도 남아 있지 않아야 했습니다. 하지만 캐번디시는 이 실험을 아무리 반복하더라도 미량의 기체가 남는다는 것을 언급한 적이 있었고, 램지 역시 이 사실을 다시 확인했지요. 그는 레일리 경과 편지를 주고받으면서 그 이유가 무엇인지 의논했습니다. 이윽고 두 사람은 공기 안에 질소 기

성분	부피비(%)	성분	부피비(%)
질소 N_2	78.084	크립톤 Kr	0.000114
산소 O_2	20.9476	수소 H_2	0.00005
아르곤 Ar	0.934	제논 Xe	0.0000087
이산화 탄소 CO_2	0.04	오존 O_3	0.000007
네온 Ne	0.001818	이산화 질소 NO_2	0.000002
헬륨 He	0.000524	아이오딘 I_2	0.000001
메테인 CH_4	0.0002		

공기를 구성하는 기체들의 부피비

체와 산소 기체, 이산화 탄소, 물만 있는 게 아니라고 결론지었습니다. 즉 이전까지 알려지지 않았던 어떤 새로운 기체가 공기 중에 있었던 것이지요.

그런데 어떻게 수많은 과학자가 매일 들이마시는 공기 속에 버젓이 존재하고 있었던 이 기체를 1894년이 될 때까지 모르고 있었을까요? 혹시 공기 중에 아르곤의 양이 너무 적어서 사람들이 발견하지 못했던 것은 아닐까요? 하지만 공기 중에 아르곤은 생각보다 많은 편입니다. 부피 비율로 따지자면 공기 중의 약 0.93% 정도가 아르곤인데, 고작 0.04%에도 못 미치는 이산화 탄소에 비하면 어마어마하게 많은 양이라고 할 수 있습니다.

램지는 이 기체가 어떤 원소와도 당시까지 알려진 화학 반응을 하지 않았다는 데서 그 이유를 찾았습니다. 낮은 화학적 활성 때문에 사람들은 이 원소가 존재하는지도 모른 채 살았던 것이지요. 램지와 레일리 경은 다른 원소들과 반응하려 하지 않는 성질에 주목해서 고전 그리스어로 '게으르다'라는 의미인 ārgós[아르고스]에 금속이 아닌 물질들에 붙이던 -on을 더해 argon[알건]이라는 새로운 이름을 만들었습니다. 한국어는 이 원소 이름을 그대로 받아들여 아르곤이라고 부르고, 라틴어로도 argon[아르곤]이라고 부릅니다. 아르곤의 원소 기호는 이 단어의 첫 두 글자를 딴 Ar이 되었습니다.

아르곤이 헬륨He과 같이 비활성 기체인 것을 보고 의미 있는 행동을 취한 사람은 원소 주기율표의 선구자인 드미트리 멘델레예프였습니다. 원자량은 달라도 비슷한 성질을 보이는 원소들은 주기율표에서 하나의 족(族)으로 묶여야 한다는 것이 멘델레예프의 지론이었습니다. 그는 이 원칙을 바탕으로 이전에는 알지 못했던 새로운 원소의 존재까지 예측해 냈던 비범한 화학자였지요. 하지만 그도 이렇게 이전까지 알려지지 않았던 원소들로 구성된 새로운 족이 탄생하리라고는 생각하지 못했습니다. 그는 1905년에 영족(group 0)을 새로 만들어서 자신의 주기율표 가장 왼쪽에 비활성 기체들을 위한 공간을 마련해 주었습니다. 물론 현대 주기율표에서 비활성 기체들은 18족이 되어 주기율표 맨 오른쪽에 있지만요. 이런 이유로 이들을 가끔 영족기체라고 부르기도 합니다.

과자 봉지 내부는 과자가 부서지고 부패하는 것을 막기 위해 질소 기체로 충전되어 있습니다. 질소 기체도 웬만해서는 다른 물질들과 반응하지 않기 때문이지요. 하지만 질소보다도 더 강력한 비활성 분위기를 만들어야 할 때는 아르곤을 씁니다. 공기 부피의 약 78%를 차지하는 질소에 비하면 아르곤의 양이 적기 때문에 값이 비싸긴 하지만, 화학적 비활성은 질소 기체보다 훨씬 뛰어납니다. 그래서 거의 모든 화학 실험실에는 아르곤이 들어 있는 가스통이 있습니다. 게으르다는 이름을 가진 기체지만, 반대로 실제 실험실에서는 게으를 틈 없이 열심히 일하는 기체라고 할 수 있겠네요.

크립톤 Kr

◇◇◇◇◇◇◇◇◇◇◇◇◇◇◇◇◇◇

윌리엄 램지는 아르곤Ar을 발견한 것을 계기로 공기가 대부분 질소 기체N_2와 산소 기체O_2로 구성되어 있고, 나머지는 아르곤과 이산화탄소CO_2로 이뤄져 있다는 사실을 밝혀냈습니다. 하지만 여전히 전체 부피의 약 0.03% 정도는 명확하게 밝혀지지 않은 채 남아 있다는 것도 알아냈지요. 램지는 비록 적은 양이긴 하지만, 여기서 또 새로운 미지의 원소를 발견할 수 있을 것이라고 추측했습니다.

이런 생각을 아무런 근거 없이 했던 것은 아닙니다. 아르곤의 원자량은 40 정도로 측정되었는데, 이와 비슷하게 화학적 활성이 없는 헬륨He의 원자량은 고작 4 정도에 불과했거든요. 램지는 이 원자량 차이가 너무 크다고 생각했습니다. 그래서 아마도 원자량이 4와 40의 중간인 20 정도이면서 여전히 화학적인 활성이 없는 원소가 원소 주기율표상 헬륨과 아르곤 사이에 있을 것이라 기대했지요.

당시 영국에서는 매우 낮은 온도까지 냉각시키는 기술이 개발되었는데, 이 기술로 공기까지도 액체로 만들 수 있었습니다. 그 덕분에 램지와 그의 동료인 모리스 트래버스Morris Travers는 윌리엄 햄프슨William Hampson이라는 사람으로부터 1898년 5월 24일에 약

0.75L 정도의 액화 공기를 얻을 수 있었습니다. 시료를 전달받은 램지는 액체 공기를 밀폐 용기에 넣고 압력을 천천히 낮추면서 액체 중 일부가 기체로 끓어 나오게 했습니다.

기체의 끓는점은 보통 분자량이 커질수록 높아집니다. 반대로 분자량이 작은 기체는 끓는점이 낮을 테니 압력을 낮추면 먼저 끓어 나오겠지요? 질소와 산소는 아르곤보다 분자량이 낮기 때문에 먼저 끓어 나왔고, 이 과정을 통해 램지는 밀폐 용기 안에 여전히 액체로 남아 있는 10mL의 시료를 확보했습니다. 그리고 추가 실험을 진행해 남은 액체 시료에서 화학적으로 질소와 산소, 이산화 탄소를 모두 제거한 뒤 기화시켰습니다.

그렇게 램지는 26.2mL 정도의 기체를 얻어낼 수 있었습니다. 이 안에는 분명 아르곤과 다른 무언가가 있을 것이라고 확신했던 램지는 분광기를 활용해서 이 기체를 순수한 아르곤 기체와 비교하기 시작했습니다. 일주일 정도 지난 어느 날, 분광기에서 선명한 노란색과 초록색 선을 확인한 램지는 자신의 예측대로 아르곤과는 다른 무언가가 있다는 확신을 굳혔습니다. 그런데 이 기체의 원자량을 확인한 순간, 그는 자신이 생각해 왔던 것과는 정반대의 발견을 했다는 사실을 깨달았습니다. 오히려 원자량이 아르곤보다 더 높은 원소가 액화 공기 안에 있었던 것입니다.

의외의 발견에 놀란 램지는 액화 공기 속에 그동안 알지 못했던 비활성 기체 원소가 숨어 있다고 생각해 고전 그리스어로 '숨어 있는'이라는 뜻을 가진 kryptós[크립토스]라는 단어에 비금속 원소에 붙이던 영어 접미사인 -on을 붙여 krypton[크립턴]이라는 이름을 지었습니다. 한국어는 영어로부터 이 원소 이름을 그대로 받아들여 크립톤이라고 부르고, 라틴어로도 krypton[크립톤]이라고 부릅니다. 그래서 크립톤의 원소 기호는 라틴어 이름의 첫 두 글자를 딴 Kr이 되었습니다.

램지와 잘 알고 지내던 프랑스의 화학자인 마르슬랭 베르텔로 Marcellin Berthelot는 크립톤이 분광기에서 보여준 초록색 선이 굉장히 인상 깊었던 모양인지, 이 색깔이 마치 오로라 같다며 고전 그리스어로 새벽녘을 의미하는 ēós[에오스]에 금속 원소 접미사 -ium을 더한 eosium[이오시엄]을 램지에게 제안한 적이 있다고 합니다. 하지만 이 이름은 앞서 소개한 아르곤의 예처럼 그리스어 어근 뒤에 비금속 원소 접미사인 -on을 붙이는 램지의 원칙과는 달랐기에 받아들여지지 않았다고 하네요.

크립톤의 어원이 된 '숨어 있는'이라는 뜻의 kryptós는 주로 암호와 관련된 영단어에서 crypt-의 형태로 찾아볼 수 있습니다. 정보를 보호하기 위한 언어학 및 수학적 방법론을 다루는 학문인 암호학을 영어로 cryptography라고 하고, 암호화하는 것을 encryption, 반대로 암호를 해독하는 것을 decryption이라고 하지요.

이 말은 비트코인(bitcoin)을 비롯한 암호화폐가 전 세계에서 선풍적인 인기를 끌자 훨씬 많은 사람의 입에 오르내리곤 했습니다.

블록체인 기술의 발전으로 탄생한 암호화폐의 대표 격인 비트코인을 실
물 주화처럼 주조한 모습.

암호화폐를 뜻하는 영단어도 cryptocurrency[크립토커런시]거든요.
암호화 기술을 통해 거래하고 검증한다는 의미에서 화폐(currency)
라는 단어 앞에 kryptós에서 유래한 접두사 crypto-를 붙인 것이지
요. 눈으로 볼 수 없지만 많은 사람의 마음을 들었다 놓았다 한 암호
화폐의 은밀함이 아르곤에 숨어 자신의 존재를 감췄던 크립톤과 비
슷하지 않나요?

네온 Ne

✕✕✕✕✕✕✕✕✕✕✕✕

월리엄 램지는 의도치 않게 공기에서 크립톤Kr을 발견했습니다. 그러나 그의 원래 목적은 공기 중에서 아르곤보다 원자량이 작은(가벼운) 기체를 발견하는 것이었지요. 크립톤을 발견한 뒤 몇 주가 지난 1898년 6월 11일, 램지는 한 달 전보다 더 많은 액화 공기를 받아서 전보다 훨씬 많은 양의 액체 아르곤을 얻을 수 있었습니다. 램지는 이번엔 기필코 원래 목적을 달성하고자 액체 아르곤을 밀폐 용기에 넣은 뒤 끓어 나오는 기체들을 받았는데, 이때 먼저 끓는 순서대로 각각 조금씩 담아 따로 보관해 두었습니다.

일요일이었던 6월 12일 오전 10시, 램지는 모리스 트래버스와 함께 가장 먼저 끓어 나온 첫 번째 기체 샘플을 방전관에 넣고 전류를 흘려보냈습니다. 그랬더니 놀랍게도 전에는 보지 못했던 짙은 빨간색 빛이 뿜어져 나오는 것이었습니다. 아르곤은 방전관에서 보랏빛 색깔을 내기 때문에 먼저 끓어 나온 첫 번째 기체 샘플에는 분명 아르곤보다 끓는점이 낮은, 즉 원자량이 더 작은 원소가 존재한다는 것을 입증하는 실험 결과였지요. 너무나도 기뻤던 램지와 트래버스는 그날 저녁 6시에 램지의 집에서 저녁 식사를 한 뒤 바로 논문을 써서 영국 왕립 학회에 제출했다고 합니다.

그런데 당시 13살에 불과했던 램지의 아들은 아버지의 원소 발견 소식을 전해 듣고 '새로운'이라는 뜻의 라틴어 novus에서 착안한 novum[노붐]을 새 원소 이름으로 제안합니다. 이런 똘똘한 아들이 참 기특했겠지요? 하지만 비활성 기체 원소들의 이름은 모두 그리스어에서 유래했습니다. 그래서 아버지 램지는 라틴어 대신 똑같이 '새로운'이라는 뜻을 가진 고전 그리스어 néos[네오스]에 접미사 -on을 붙여 neon[니언]이라는 이름을 지었습니다. 한국어로는 영어 원소 이름을 그대로 받아들여 네온이라고 부르고, 라틴어로도 neon[네온]이라고 합니다. 네온의 원소 기호가 Ne인 것도 바로 이 라틴어 이름의 첫 두 글자에서 비롯했지요.

프랑스의 발명가인 조르주 클로드Georges Claude는 1910년 파리에서 열린 만국박람회에 12m 길이의 네온사인 두 개를 전시했습니다. 강렬한 붉은빛을 발산하는 네온사인은 백열등이나 형광등에 비해 수명도 더 길고, 깜빡깜빡하는 효과로 사람들의 이목을 집중시켜 옥외 광고물로 사용하기에는 이만한 것이 없었습니다. 그 결과 오늘날 네온은 대도시의 야경을 책임지는 원소가 되었지요.

네온사인으로 가득한 암스테르담의 밤거리

제논 Xe

◇◇◇◇◇◇◇◇◇◇◇◇

윌리엄 램지가 마지막으로 발견한 비활성 기체는 바로 제논입니다. 네온Ne을 발견한 지 한 달 정도 지난 1898년 7월 12일, 램지와 모리스 트래버스는 네온을 얻을 때와는 정반대로 가장 늦게 끓어 나오는 기체를 분석하고 있었습니다. 그러다 분광기에서 전에는 몰랐던 새로운 신호가 관찰되었습니다. 기존 원소들의 분광 스펙트럼과는 확연히 구분되는 것을 확인한 램지와 트래버스는 결국 공기 중에 극소량 존재하지만 아르곤Ar과 크립톤Kr보다도 원자량이 더 큰 비활성 기체가 존재한다는 것을 알아냈지요.

이를 기이하게 여긴 램지는 이 원소에 고전 그리스어로 '낯선'을 의미하는 단어 xénos[크세노스]를 떠올렸습니다. 이 단어는 외국인에 대한 혐오를 의미하는 xenophobia[제노포비아]에서도 발견할 수 있는데, 아무튼 램지는 여기에 접미사 -on을 붙여 xenon[지넌]이라는 이름을 붙였습니다. 라틴어로는 이 원소를 xenon[크세논]이라고 하고, 앞 두 글자를 가져와 Xe라는 원소 기호가 정해졌습니다.

한국어로는 원래 이 원소를 크세논이라고 불렀습니다. 하지만 1998년 원소 명명법 개정 당시 영어 발음에 유사하게 바꾼다는 원칙에 따라 제논이라고 고쳐 부르게 되었지요. 비슷한 예로 당알코올 (sugar alcohol)의 일종인 xylitol의 경우, 과거에는 크실리톨이라고 불렀지만 요즘은 영어 발음인 '자일리톨'이라고 부릅니다. 물론 이 분자를 아주 유명하게 만들어준 한 제과 업체의 상품명 덕분이기도 하지만 말입니다.

한 가지 기억해야 할 사실은 비활성 기체라는 이름이 무색하게 제논에 다른 원자들이 결합해서 화합물을 형성할 수 있다는 것입니다. 1962년 영국의 화학자인 닐 바틀렛Neil Bartlett은 역사상 최초로 제논과 플루오린F이 결합된 화합물을 합성했는데, 이것은 비활성 기체에 대한 당시 화학자들의 신념을 깨부수는 사건이었습니다.

하지만 이런 화학 반응이 일어나기 위한 조건은 매우 까다롭고 극단적이기 때문에, 일반적인 상황에서는 비활성 기체라고 불러도 무방하리라 생각합니다.

제논이 방전관에서 내뿜는 흰 빛은 자연광과 비슷해서
사진 촬영을 할 때 플래시 조명에도 많이 활용된다.

라돈 Rn

✕✕✕✕✕✕✕✕✕✕✕✕✕✕

라돈은 윌리엄 램지가 직접 발견한 것은 아니지만 발견에 어느 정도 관여를 한 비활성 기체 원소입니다. 이야기는 1896년으로 거슬러 올라갑니다. 프랑스의 물리학자 앙리 베크렐Antoine Henri Becquerel은 특정 물질에서 어떤 에너지가 방출된다는 것을 알게 되었습니다. 베크렐은 그의 지도 아래 박사 과정을 밟고 있던 제자인 마리 퀴리Marie Skłodowska Curie에게 이 현상에 대해 연구해 볼 것을 권유했습니다.

재능과 끈기가 있었던 퀴리는 남편과 함께 피치블렌드(pitchblende)라는 광석에서 베크렐이 말했던 강한 에너지가 방출되는 것을 확인했고, 온갖 화학 분석법을 동원해서 피치블렌드를 연구한 끝에 새로운 원소인 폴로늄Po과 라듐Ra을 발견했습니다.

그리고 원자로부터 에너지가 방출되는 현상을 프랑스어로 radioactif[라디오악티프]라고 명명했는데, radio-는 라틴어 radius[라디우스]에서 온 말로 광선이라는 뜻입니다. 따라서 radioactif는 광선을 내뿜을 수 있는 능력, 즉 방사능을 의미하지요. 퀴리의 발견 이후 방사능은 많은 물리학자와 화학자의 연구 주제가 되었습니다.

그러던 1899년의 어느 날, 캐나다 맥길 대학의 교수였던 로버트 오언스Robert Owens와 어니스트 러더퍼드Ernest Rutherford는 특이한 발견을 했습니다. 토륨Th을 연구하다가 토륨에서 방사능을 가진 기체가 이따금씩 방출된다는 것을 알아낸 것이지요. 사실 퀴리도 이 현상을 확인한 적이 있었는데, 1900년에 퀴리의 실험을 반복해 보던 독일의 물리학자 프리드리히 도른Friedrich Dorn은 라듐에서도 이런 현상이 나타난다는 사실을 보고하기에 이르렀습니다.

그런데 윌리엄 램지가 라듐에서 방출된 방사성 기체를 분광기로 분석해 보니 자신이 발견했던 아르곤Ar, 크립톤Kr, 제논Xe의 스펙

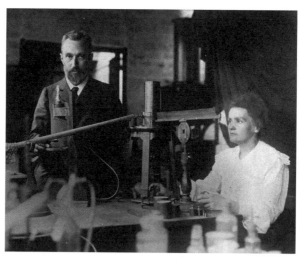

피치블렌드에서 라듐을 발견한 마리 퀴리와 그녀의 남편이자 마찬가지로 위대한 과학자였던 피에르 퀴리 Pierre Curie. 그녀는 이 공로로 1911년 노벨화학상을 수상했다.

트럼과 유사하다는 것을 깨달았습니다. 게다가 이 기체는 화학적으로 비활성인 기체였지요. 그래서 램지는 이 방사성 기체가 아르곤과 같은 족에 속하는 비활성 기체일 것이라고 생각했습니다.

그는 1904년 영국 왕립 학회에 게재한 논문에서 라듐으로부터 방출되었다는 의미로 이 기체에 접두사 ex를 더한 exradio라는 이름을 붙였습니다. 하지만 이 이름이 기존의 다른 원소들 이름과는 너무 달라 어색하다고 느꼈는지, 1910년에 낸 논문에서는 라틴어로 '빛나는'이라는 의미를 가진 nitens에 비금속 원소 접미사 -on을 더해 niton[나이튼]이라는 이름을 새로 제안했습니다.

하지만 여전히 사람들은 이 기체를 '라듐에서 방출된 기체'라고 부르는 것을 선호했기 때문에 niton이라는 이름은 널리 쓰이지 않았습니다. 결국 1923년 IUPAC에서는 niton 대신 미국의 과학자인 엘리엇 애덤스Elliot Quincy Adams가 제안한 이름인 radon[레이던]을 정식 이름으로 채택했습니다. 이것은 단순히 라듐(radium)에다 접미사 -on을 더한 형태로, 라듐에서 나온 비활성 기체라는 느낌이 직관적으로 와 닿는 이름이었지요. 한국어로는 라돈이라고 부르고, 라틴어로도 이 원소를 radon[라돈]이라고 합니다. 그런데 첫 두 글자인 Ra는 이미 라듐의 원소 기호로 정해진 바 있었으므로 첫 글자와 마지막 글자를 붙인 Rn이 라돈의 원소 기호가 되었습니다.

방사선을 내보내는 라돈 기체는 체내에 유입되어 암을 일으킬 수 있습니다. 세계보건기구(WHO)에서도 라돈을 1급 발암 물질로

지정하고 라돈에 노출되는 것을 피하라고 경고합니다. 우리가 일반적으로 라돈에 노출될 위험이 가장 큰 물질은 시멘트와 화강암입니다. 따라서 환기가 오랫동안 되지 않은 밀폐된 지하 시설은 되도록 들어가지 않는 것이 좋습니다. 건물을 짓는 데 사용되는 시멘트의 경우 외국산보다 국산에서 라돈이 많이 방출되는 데다가, 원자량이 큰 라돈은 공기보다 무거워 아래로 가라앉는 성질이 있기 때문이지요.

헬륨 He

◇◇◇◇◇◇◇◇◇◇◇◇

윌리엄 램지가 발견에 관여한 다섯 개의 18족 원소는 물론 2016년에 명명된 최신(?) 원소 오가네손Og까지, 모든 18족 원소 이름에는 비금속 원소에 붙이는 접미사인 -on이 있습니다. 그런데 이름에 이 접미사를 포함하지 않은 유일한 비활성 기체 원소가 있습니다. 바로 18족 원소 중 가장 위에 자리 잡은 헬륨(helium)입니다. 왜 헬륨만 비금속 원소 접미사인 -on이 아니라 금속 원소에 붙이는 접미사인 -ium이 붙었을까요? 물론 여기에는 그럴 만한 사정이 있습니다.

독일의 물리학자 요제프 폰 프라운호퍼Joseph von Fraunhofer는 빛을 파장별로 나누어 분석할 수 있는 기기인 분광기(spectroscope)를 개발하는 데 지대한 공헌을 한 인물입니다. 그는 태양 빛을 분광기로 관찰했을 때 무지갯빛 스펙트럼 사이로 띄엄띄엄 난 검은 선들을 발견했습니다. 흔히 프라운호퍼 선(Fraunhofer lines)이라고 부르는 이 검은 선들은 태양에 존재하는 원소들이 특정 파장의 빛을 흡수하기 때문에 나타나는 것입니다.

이 선들을 열심히 관찰하던 프랑스의 천문학자 피에르 장센 Pierre Jules César Janssen과 영국의 천문학자 노먼 로키어는 당시 알려진 모든 원소들의 스펙트럼을 다 뒤져봐도 특정 위치의 검은 선을 만드는 원소가 무엇인지를 설명할 수 없었습니다. 고민을 거듭하던 그들은 결국 지구에 존재하지 않는 어떤 원소가 태양에는 존재하고, 이 원소가 태양 빛의 일부 파장을 흡수하기 때문에 이런 관찰 결과를 얻은 것이라고 결론지었습니다.

그래서 로키어는 태양을 의미하는 고전 그리스어이자 그리스 신화에서 태양신의 이름이기도 한 헬리오스Hélios에 금속 원소 접미사에 해당하는 -ium을 붙여 helium[힐리엄]이라는 이름을 생각해 냈습니다. 라틴어로는 helium[헬리움]이라고 읽었고, 앞 두 글자를 딴 He를 원소 기호로 정했지요. 그런데 이 헬륨이 태양에만 있을 것이라고 생각했으니 지구로 가져와 화학 분석을 할 수는 없는 노릇이었고, 로키어는 그저 헬륨이 금속 원소일 것이라고 지레짐작했습니다. 그래서 -on이라는 비금속 원소 접미사 대신 금속 원소 접미사인 -ium을 붙인 것입니다.

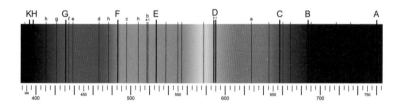

태양 빛 스펙트럼과 프라운호퍼 선

하지만 윌리엄 램지는 1895년에 헬륨을 지구에서 발견해 냈습니다. 우라늄U을 포함한 광석을 황산에 넣고 끓일 때 나오는 기체를 받아 분광기로 분석했더니, 바로 거기에 태양에만 존재한다던 헬륨이 있었던 것입니다. 램지가 불과 1년 전인 1894년에 비활성 기체인 아르곤Ar을 발견했으니 헬륨이 아르곤과 같은 비활성 기체라는 것을 간파하는 것은 그리 어려운 일이 아니었습니다.

이제 원칙대로 하자면 이 원소의 이름을 -ium 대신 비금속 원소 접미사인 -on이 붙은 형태로 수정해야 했지요. 하지만 헬륨이라는 이름은 등장한 지 수십 년이 넘었고, 사람들이 잘만 부르고 있는 이름을 단번에 고쳐 부르게 하기가 쉽지 않았습니다. 이런 이유로 헬륨은 비활성 기체 원소들 중에서 유일하게 -on을 포함하지 않는 이름으로 남게 되었습니다.

지구에서 헬륨을 발견한 램지의 이야기는 지구과학 연구, 특히 화산과 관련된 연구에 굉장히 중요한 단서를 제공했습니다. 헬륨은 사실 우주 전체로 보면 수소에 이어 가장 흔한 원소로 우주에 있는 물질의 전체 질량 중에서 약 25%를 차지한다고 알려져 있습니다. 우리가 살고 있는 지구는 우주에 충만하게 존재하는 수소 기체H₂와 헬륨으로부터 만들어졌습니다. 그래서 지각 아래 맨틀과 핵 안에는 빅뱅(big bang) 시절부터 만들어진 헬륨이 다량 포함되어 있습니다. 이런 헬륨을 원시 헬륨이라고 부르지요.

그런데 램지가 발견한 헬륨은 원시 헬륨이 아니라 지각에 존재하는 우라늄이나 토륨Th 등이 방사성 붕괴를 일으키는 과정 중에 내놓는 헬륨인데, 이 헬륨은 원시 헬륨과는 다릅니다. 아니, 똑같은 원자 번호 2번 헬륨인데 다르다니요? 이 모순을 이해하려면 4장에서 수소에 대해 이야기할 때 나온 개념인 동위 원소를 알고 있어야 합니다. 헬륨에는 안정한 동위 원소가 둘 있는데, 바로 핵에 중성자가 1개 있는 헬륨과 2개 있는 헬륨입니다. 이런 이유로 헬륨의 원자량이 달라지는 바람에 앞의 헬륨을 3-헬륨, 뒤의 헬륨을 4-헬륨이라고 부릅니다. 그런데 3-헬륨의 양은 무척 적어서, 대기 중에서 우리가 일반적으로 발견할 수 있는 헬륨의 경우 3-헬륨과 4-헬륨의 비율은 0.00000138 : 1밖에 되지 않는다고 합니다.

문제는 핵과 맨틀에 풍부하게 존재하는 원시 헬륨에는 3-헬륨의 비율이 높다는 것입니다. 그래서 활화산의 폭발이 점점 가까워지면 지표면 가까이 도달한 마그마에서 방출되는 원시 헬륨의 양이 늘어나고, 그로 인해 화산 근처에서 관찰되는 헬륨의 양은 물론 3-헬륨의 비율도 굉장히 늘어납니다. 최근 우리 민족의 명산인 백두산 온천 지대에서 포집된 가스 속 헬륨의 양과 비율이 변하고 있다고 하는데, 백두산이 곧 폭발하는 것이 아니냐는 우려가 나오는 것은 바로 이 때문입니다.

윌리엄 램지

비활성 기체 발견의 선구자였던 윌리엄 램지는 스코틀랜드 출신으로 원래 유기화학을 전공한 화학자였습니다. 독일의 튀빙겐Tübingen에서 박사 학위를 받은 램지의 연구 주제는 톨루산(CH_3)C_6H_4(COOH)과 유도체였고, 교수로 임용된 이후에도 피콜린산C_5H_4N(COOH)과 다양한 알칼로이드(alkaloids)에 관해 연구했지요. 그러다가 1879년부터 조금씩 물리화학 영역을 연구했습니다. 시드니 영Sydney Young이라는 젊은 학자의 도움으로 액체와 기체의 물리학적 특성에 대한 연구를 수행했는데, 이때의 경험이 훗날 비활성 기체 발견에 큰 도움이 되었다고 합니다.

알려진 바에 따르면 램지는 언어를 익히는 데 탁월한 재능을 보였습니다. 모국어인 영어 외에 프랑스어, 독일어, 이탈리아어, 노르웨이어, 스웨덴어, 네덜란드어에 유창했는데 정작 스코틀랜드의 고유 언어인 게일어는 발음하기 힘들어했다고 하네요. 아무튼 외국어에 능통했던 덕분에 많은 유럽 화학자와 어려움 없이 소통할 수 있었다고 합니다.

그뿐만 아니라 시를 짓고 음악을 연주하며 노래하는 것도 좋아했던 모양입니다. 영국의 시인 러디어드 키플링Joseph Rudyard Kipling 은 램지에게 보낸 편지에서 그가 작곡한 행진곡이 보기 드물게 좋다 며, 여기에 가사를 몇 줄 덧붙이면 좋을 것 같다는 의견을 내기도 했 습니다.

램지는 뛰어난 교육자이기도 했습니다. 그의 지도를 받으며 함께 일한 사람 중 다수가 여러 대학의 화학 교수가 되었습니다. 그중 프 레데릭 소디Frederick Soddy와 오토 한Otto Hahn, 야로슬라프 헤이로 프스키Jaroslav Heyrovský는 노벨화학상을 수상하는 영예를 얻기도 했지요.

비활성 기체 원소들을 잇따라 발견한
윌리엄 램지

7장

잿물과 양잿물: 두 이름을 가진 원소

포타슘 K

소듐 Na

칼륨 K

나트륨 Na

여름에는 양잿물 내고 빨래 삶고 풀 쑤느라고
청솔가지 매운 연기에 눈은 항상 짓물렀었다.
─《토지》, 박경리

◇

포타슘K과 소듐Na만큼 학계에서 정의한 명칭과 일반적으로 쓰이는 이름이 극명하게 나뉜 원소도 별로 없을 것입니다. 1998년 대한화학회의 명명법 개정이 있기 전 두 원소의 이름은 각각 칼륨과 나트륨이었는데, 화학을 전공하는 사람들조차 이 이름들을 여전히 사용할 정도로 명명법 개정에 크게 저항하고 있습니다. 이미 많은 사람이 칼륨과 나트륨이라는 단어에 매우 친숙하기 때문이겠지요.

예를 들어 세계보건기구(WHO)가 정한 나트륨 일일 권장 섭취량을 근거로 한국 사람들이 너무 짜게 먹는다는 지적이 많은데, 염화 소듐NaCl인 소금을 많이 먹다 보면 필연적으로 소듐 섭취량이 증가하기 때문입니다. 염화 나트륨이라고 하지 않고 염화 소듐이라고 하니 어색하지요? 이처럼 우리는 일반적으로 소듐이란 단어를 생소해하고 나트륨은 무척 익숙하게 여깁니다.

또 중고등학생들이 화학 시간에 배워 주문처럼 외우고 다니는 이온화 경향은 흔히 '칼카나마…'로 시작합니다. 만일 이것을 개정된 명명법에 따라 새로 외우자면 '포칼소마…'라고 해야겠지만, 아직까지 이렇게 외우는 사람은 본 적이 없습니다. 어려서부터 칼륨과 나트륨이라는 말이 익숙하다 보니 계속 그대로 사용하는 것이지요. 같은 알칼리 금속족에 속하는 포타슘과 소듐이 왜 전에는 칼륨과 나트륨으로 불렸는지, 그리고 그 이름들의 어원은 무엇인지 함께 알아볼까요?

포타슘 K

◇◇◇◇◇◇◇◇◇◇◇◇◇

나무가 불타는 현상은 자연적으로나 인위적으로나 항상 일어나는 일입니다. 자연적으로 발생하는 경우의 예를 들면, 번갯불 때문에 일어나는 거대한 산불이 있습니다. 자연 진화되기 전까지 맹렬한 기세로 산천의 초목들을 다 살라버리곤 하지요. 인위적으로 태우는 사례로는 장작이 있습니다. 옛날에는 부엌에서 밥을 짓고 국을 끓일 때 필요한 불을 피우기 위해 적당한 크기로 쪼개어 놓은 나무줄기

공기 중에서 연소된 나무는 검은 그을음 외에 각종 무기 물질 혼합물로 구성된 회색 또는 회백색의 회분(灰分)으로 변한다. 애초에 회색(灰色)이라는 단어가 잿빛이라는 뜻이다.

를 땔감으로 썼습니다.

사람들은 나무가 타고 나면 항상 검은 그을음과 함께 희뿌연 재가 남는다는 것을 경험으로 알고 있었습니다. 비록 바람에 흩날리는 재는 기침만 나오게 할 뿐 아무런 쓸모가 없어 보였지만, 재미있게도 그 안에는 빗물에 닿으면 물에 녹아 없어지는 무언가가 있다는 것을 곧 알게 되었지요. 우리나라 사람들도 예외는 아닌지라 다양한 식물들을 태우고 남은 재를 물에 풀어 잿물을 얻곤 했는데, 이 잿물에 세탁 효과가 있다는 사실도 자연히 알게 되었습니다. 그래서 집집마다 빨래에 쓰려고 잿물을 내리곤 했지요.

잿물을 내리는 과정은 드립 커피를 내리는 과정과 흡사했다고 합니다. 우선 시루 밑바닥에 짚이나 삿갓을 여과지처럼 깔고, 그 위에 지푸라기나 뽕나무, 잡초, 쌀겨, 콩깍지 등 태울 수 있는 식물을 모조리 태워 만든 재를 올려놓은 뒤 천천히 물을 붓습니다. 녹지 않는 성분은 짚이나 삿갓에 걸려 빠지지 않고, 오직 녹는 성분만 물과 함께 아래로 빠져나오는 것이지요.

조선 시대 후기 가정 살림과 음식 조리에 관한 백과사전이라 할 수 있는 《규합총서閨閤叢書》라는 책에 보면 옛날 우리나라 사람들은 콩깍지를 태운 재에서 얻는 잿물이 묵은 때 제거에 으뜸이라고 생각했던 모양입니다. 오늘날 우리는 잿물에 세탁 효과가 있는 이유가 잿물이 염기성이기 때문이라는 것을 알고 있지만, 옛날 사람들이 그 이유를 화학적인 근거에 기반해 이해하지는 못했겠지요.

한편 유럽 사람들은 이 세탁 효과를 내는 원인이 무엇인지, 나아가 그 물질을 원료로 또 어떤 물질들을 만들어낼 수 있는지에 관심이 있었습니다. 도대체 나뭇재로부터 무엇이 녹아 나오는지 궁금해진 사람들은 거른 잿물을 항아리에 담고 팔팔 끓여보았습니다. 그 결과 물이 다 기화하고 난 항아리 바닥에는 딱딱한 고체가 생긴다는 것을 알게 되었습니다.

옛 영국 사람들은 이 고체를 항아리(pot)에서 얻은 재(ash)라 해서 포타시(potash)라고 했습니다. 게다가 이 포타시를 수산화 칼슘 $Ca(OH)_2$이 주성분인 소석회에 넣으면 석회, 즉 탄산 칼슘$CaCO_3$이 만들어지면서 훨씬 강력한 성질을 지닌 포타시를 만들 수 있다는 것도 알아냈지요. 영국 사람들은 이것을 가성(苛性) 포타시(caustic potash)라고 불렀습니다.

지금이야 포타시를 산업적으로 대량 생산할 수 있기 때문에 문제가 없지만, 18세기까지만 해도 집에서 조금씩 만들어 쓸 양이 아니고서는 대량 생산하기 무척 어려운 물건이었습니다. 다행히 몇몇 땅에는 포타시가 광물처럼 묻혀 있어서 포타시를 캐내어 손쉽게 사용할 수 있었고, 이내 주요한 무역 상품이 되기도 했습니다. 사람들이 얼마나 포타시를 갈망했는지는 미국 특허청에 맨 처음 등록된 1번 특허가 무엇인지만 봐도 알 수 있습니다. 그 특허의 제목은 바로 〈새로운 기기와 공정에 의한 포타시 제조법 개선〉입니다.

사실 18세기 북아메리카에 정착한 사람들은 논밭을 일구기 위해 산림을 정리할 필요가 있었는데, 가장 쉬운 방법은 나무를 모두 태우는 것이었습니다. 그런데 나무를 그냥 태우는 것이 아니라 태워서 얻은 재를 가지고 포타시를 만들어 영국에 팔면 경작지도 얻고, 수출해서 돈도 벌고 일석이조였겠지요?

이 포타시로부터 새로운 원소를 찾아 나선 사람이 있었으니, 바로 영국의 화학자인 험프리 데이비입니다. 그는 자신의 특기인 전기 분해법을 활용했습니다. 가성 포타시를 고온에서 녹인 뒤 전극을 담가 전류를 흘려주자 음극에서 기존에 알지 못했던 금속이 석출되는 것을 알아냈습니다. 새로운 금속 원소를 발견한 데이비는 여기에 이름을 붙이려 했지만, 불행히도 포타시에 해당하는 단어는 라틴어 사전에 없었습니다. 영단어 potash는 라틴어가 유럽에서 입말로 쓰이지 않게 된 지 한참 뒤에야 영국에서 새로 만들어진 단어였으니 당연한 일이었습니다.

이에 데이비는 고전 그리스어나 라틴어로부터 원소 이름을 짓는 관행을 깨고 대담하게도 자신의 모국어인 영어를 활용했습니다. 나뭇재로부터 얻었던 potash에 금속 원소임을 나타내는 접미사 -ium을 붙인 것이지요. 이렇게 만들어진 단어가 potassium[퍼태시엄]이었습니다. 그리고 새로운 금속 원소가 포타시 안에 있었다는 사실이 발견되면서 지금까지 사람들이 사용했던 포타시가 탄산 포타슘K_2CO_3이었고, 가성 포타시는 수산화 포타슘KOH이라는 것도 밝혀졌습니다.

소듐 Na

◇◇◇◇◇◇◇◇◇◇◇◇

사람들이 태운 것은 들판이나 산에서 자라는 식물뿐만이 아니었습니다. 해안가에 사는 사람들은 소금기가 가득한 지역에서 자라는 염생식물을 태워 세탁에 쓸 재를 얻었는데, 사람들은 이를 세탁 소다(washing soda)라고 불렀습니다. 여기서 소다라는 단어의 어원은 확실하진 않지만 염생식물 중 하나를 의미하는 아랍어 단어에서 왔다는 설이 가장 유력합니다.

당시 사람들의 화학 지식은 그리 높은 수준이 아니었고, 포타시

염생식물 중 하나인 갯쥐꼬리풀

나 소다나 잿물인 것은 매한가지였기 때문에 두 이름을 엄밀하게 구별해서 쓰지는 않았다고 합니다. 세탁 효과만 있다면 뭐든 쓰는 데 아무 문제가 없었기 때문이지요.

그러나 독일의 화학자인 안드레아스 마르크그라프Andreas Sigismund Marggraf가 포타시와 소다를 불꽃 속에 집어넣고 그을려 본 순간, 나무에서 얻은 재와 염생식물에서 얻은 재가 다르다는 것을 발견하고 말았습니다. 소위 '불꽃 반응'이라고 불리는 아주 기초적인 금속 분석법인데, 포타시에서는 보라색 불꽃이 관찰된 반면 소다에서는 노란색 불꽃이 관찰되었던 것입니다. 불꽃 색깔이 이렇게 확연히 다르다는 것은 두 물질이 화학적으로 매우 다르다는 뜻과 같았습니다.

소다 역시 포타시처럼 소석회와 반응시켜 더 강력한 성질을 띤 가성 소다(caustic soda)를 만들 수 있었습니다. 이 가성 소다는 19세기 말 처음 한반도에 소개되었는데, 당시 조선 사람들은 가성 소다의 탁월한 세탁 능력에 큰 충격을 받았습니다. 가성 소다는 동물성 단백질을 녹일 정도로 염기성이 강해서 가정에서 만들어 쓰던 잿물보다 훨씬 강력했지요.

우리나라 사람들은 서양에서 온 문물의 이름에 대개 양(洋)을 붙였기 때문에 가성 소다를 양잿물이라고 부르곤 했습니다. 공업 발전으로 대한민국에서 비누가 대량 생산되기 전까지는 세탁할 때 집집마다 양잿물을 사용했는데, 피부까지도 녹여 버리는 양잿물의 강

염기성이 어찌나 인상적이었던지 "공짜라면 양잿물이라도 먹는다"라는 속담이 등장할 정도였습니다.

험프리 데이비는 이 가성 소다에도 가성 포타시 때와 같은 전기 분해법을 적용했습니다. 앞에서 설명한 것처럼 가성 소다를 고온에서 녹인 뒤 전극을 담가 전류를 흘려주는 방법입니다. 데이비는 음극에서 기존에 알지 못했던 금속이 석출되는 것을 알아냈고, 이 새로운 금속 원소에는 영단어 soda에 금속 원소임을 나타내는 접미사 -ium을 붙여 이름을 지었습니다. 이것이 바로 sodium[소디엄]이지요.

포타시가 실은 탄산 포타슘이었다는 것에서 유추할 수 있듯이, 사람들이 흔히 소다라고 불렀던 물질은 화학적으로 탄산 소듐Na_2CO_3에 해당한다고 볼 수 있습니다. 소다는 정말 다양한 산업에 사용되고 있지만 소다가 들어간 제품 중 우리에게 가장 친숙한 것은 바로 소다라임 유리(soda-lime glass)일 것입니다. 이산화 규소SiO_2로부터 유리를 만들 때 같이 넣어주는 소다는 높은 온도에서 산화 소듐Na_2O으로 바뀝니다. 이 과정에서 유리가 물컹해지는 온도가 크게 낮아질 뿐만 아니라 더 유연한 액체 유리가 만들어지게 되지요. 이처럼 유리 가공이 매우 쉬워진다는 장점이 있기 때문에 우리 일상생활에서 접하는 유리는 거의 모두 소다라임 유리라고 해도 과언이 아닙니다.

그런데 영어에서 소다는 탄산음료를 일컫는 단어이기도 합니다. 물론 탄산음료를 의미하는 영단어는 soft drink, pop, fizzy drink, soda pop 등등 아주 다양하지만, 특히 미국에서는 그중 soda 가 가장 널리 쓰입니다. 왜 탄산음료에 소다라는 이름이 붙은 것일까요?

물에 이산화 탄소를 녹여 톡 쏘는 맛을 내는 탄산음료를 처음 만든 사람은 영국의 화학자 조지프 프리스틀리로 알려져 있습니다. 프리스틀리는 이걸 가지고 사업을 할 계획까지는 없었지만 생각보다 이 음료는 많은 사람의 입맛을 사로잡았습니다. 마침 19세기 초반에 비슷한 느낌의 청량음료를 만드는 방법이 소개되었는데, 바로 셔벗(sherbet)이라는 가루를 물에 타 재빨리 들이키는 것이었습니다. 이 셔벗에는 베이킹 소다(baking soda)라고도 하는 탄산수소 소듐$NaHCO_3$이 들어가 있지요. 이 탄산수소 소듐을 물에 녹일 때 함께 넣어주는 산에 의해 중화 반응이 일어나면서 이산화 탄소가 발생해 톡 쏘는 맛을 냅니다. 그래서 사람들은 이 음료를 soda water라고 불렀고, 이것이 결국 탄산음료를 일반적으로 일컫는 말이 되었다고 합니다.

칼륨 K

◇◇◇◇◇◇◇◇◇◇◇

19세기 초 유럽 화학계에서 이름이 높았던 스웨덴의 화학자 옌스 베르셀리우스는 1813년에 제출한 논문에서 포타슘과 소듐의 라틴어 이름을 각각 potassium[포타시움]과 sodium[소디움]으로, 원소 기호는 앞 두 글자를 딴 Po와 So로 할 것을 제안합니다. 하지만 베르셀리우스의 이러한 생각에 동의하지 않는 사람도 많았습니다. 가장 큰 이유는 두 원소의 이름이 지어진 단어의 근원이 고급 학술 언어인 라틴어나 고전 그리스어가 아니라 당시 통용되던 입말인 영어였기 때문입니다. 고민이 생긴 베르셀리우스는 예전 논문들을 뒤적이며 이 문제를 해결하고자 노력했습니다.

이야기는 다시 앞에서 언급한 마르크그라프의 실험으로 돌아갑니다. 마르크그라프는 불꽃 반응 실험을 통해 포타시와 소다 모두 재에서 나온 물질이기는 해도 화학적으로 다른 물질임을 확신했습니다. 따라서 이를 구별해야 할 필요성을 느끼고 프랑스어로 각각 alcali vegetabile(식물성 알칼리)와 alcali minerale(광물성 알칼리)로 구분해서 불렀습니다. 애석하게도 마르크그라프의 제안을 진지하게 받아들인 사람은 거의 없었지만, 단 한 사람만은 예외였습니다. 바로 독일의 화학자인 마르틴 클라프로트Martin Heinrich Klaproth였지요.

마르크그라프가 포타시와 소다를 프랑스어로 alcali(알칼리)라고 부른 데에는 다 이유가 있었습니다. 알칼리는 염기성 물질을 의미하는데, 이 단어는 재를 의미하던 아랍어 qaly[깔리]에서 온 말입니다. 잿물이 염기성이었기 때문에 당시 아랍 학자들은 염기성을 표현할 때 이 단어에 정관사 al[알]을 앞에 붙여 변형한 alqaly[알깔리]라는 단어를 썼고, 유럽 사람들이 이 이름을 그대로 받아들인 것이지요.

독일어로는 Alkali[알칼리]라고 불렀는데, 클라프로트는 이 이름에 주목해서 거꾸로 정관사 al[알]을 뺀 Kali[칼리]라는 단어를 만든 뒤 포타시를 부를 때 alcali vegetabile이나 potash 대신 Kali라는 단어를 쓰자고 주장했습니다. 실제로 클라프로트의 주장을 전해 들은 루트비히 길베르트Ludwig Gilbert라는 사람은 데이비가 영어로 쓴 알칼리 금속 발견 논문을 독일어로 번역할 때 potassium에 쓰인 potash 대신 Kali에 금속 원소 접미사 -ium을 붙여 Kalium[칼리움]이라는 독일어 원소 이름을 지었습니다. 놀랍게도 이 이름은 엄청난 호응을 얻었습니다.

이에 베르셀리우스는 라틴어 이름으로서 potassium 대신 kalium[칼리움]을 정식 이름으로 밀었고, 원소 기호를 첫 글자인 K로 정했습니다. 그 결과 독일 지역을 비롯한 북유럽 및 동유럽 지역에서는 Kalium에서 유래한 원소 이름이 널리 퍼졌고, 네덜란드로부터 화학 지식을 습득했던 일본에서도 이 이름을 따라 カリウム[가리우무]라고 불렀습니다.

일본의 영향을 받은 우리나라 역시 처음에는 이 원소를 칼륨이라고 불렀습니다. 비록 1998년 원소 명명법 개정으로 독일어식 이름인 칼륨이 영어식인 포타슘으로 바뀌긴 했지만, 여전히 많은 사람이 이 원소를 부를 때 칼륨이라는 이름을 사용하고 있습니다.

특히 농업 및 원예 산업에서는 칼륨을 압도적으로 더 많이 쓰는데, 비료에 쓰이는 칼륨 화합물들은 아예 일본어 カリウム의 첫 두 음절을 딴 '가리'라는 이름으로 부릅니다. 예를 들어 황산가리, 염화가리, 인산가리는 모두 황산 포타슘K_2SO_4, 염화 포타슘KCl, 인산 포타슘K_3PO_4을 의미합니다.

비료는 아니지만 독극물로 유명한 청산가리 역시 사이안화 포타슘KCN이라는 포타슘 화합물입니다. 화학식을 통해 눈치챘겠지만,

비료로 사용되는 알갱이 형태의 염화 포타슘KCl

청산(靑酸) 이온은 사이안화 이온CN⁻을 의미합니다. 대체 왜 사이안화 이온 이름에 푸를 청靑이 들어가 있을까요? 그것은 바로 프러시안 블루(prussian blue)라는 안료 때문입니다. 독일 화학자들은 선명한 파란색으로 사랑받는 프러시안 블루를 가열하면 산성 물질이 나온다는 것을 알아냈습니다. 그래서 이 산을 '파란 산'이라는 의미의 Blausäure[블라우조이러]라고 불렀답니다. 일본에서는 이것을 그대로 靑酸[세산]이라고 직접 번역했고, 우리나라에서도 이 한자 그대로 청산이라고 부르게 된 것이지요. 사실 사이안화 이온의 영어 이름인 cyanide[사이어나이드] 역시 고전 그리스어로 '청록색'을 의미하는 kýanos[퀴아노스]에서 온 말이니 서로 의미가 통한다고 볼 수 있겠습니다.

나트륨 Na

<><><><><><><><><><><><><><><>

일반적으로 세탁 소다는 염생식물을 태운 재에서 얻었지만, 이집트의 수도인 카이로 북서쪽에 위치한 와디 엘 나트룬Wadi El Natrun에 사는 사람들은 다른 지역 사람들보다 비교적 쉽게 세탁 소다를 얻을 수 있었습니다. 바로 이 동네 근처 호수에 있는 특이한 돌들 덕분이었습니다. 염류가 풍부했던 호숫가와 바닥에는 주로 탄산 소듐Na_2CO_3으로 구성된 돌이 지천에 깔려 있어 약간의 가공만 거치면 품질 좋은 세탁 소다를 대량으로 만들 수 있었지요.

여기서 얻은 세탁 소다는 세정뿐만 아니라 이집트 고대 문화에서 빼놓을 수 없는 미라 제작에도 활용되는 등 쓰임새가 굉장히 많았습니다. 이 세탁 소다를 아랍어로 natrun[나트룬]이라고 불렀는데, 세탁 소다의 주된 채굴 장소로 유명세를 떨친 이곳의 이름이 '나트룬의 계곡'이라는 뜻의 와디 엘 나트룬이었던 데에는 이런 이유가 있었던 것입니다.

이슬람교도들이 지브롤터Gibraltar 해협을 건너 지금의 스페인 지역을 점령한 덕분에 natrun이라는 단어는 스페인어에 유입되어 natron[나트론]이라는 단어가 되었고, 이 단어는 독일에도 흘러가

Natron[나트론]이 되었습니다. 그래서 마르틴 클라프로트는 마르크 그라프가 제안한 alcali minerale이나 영어인 soda 대신 Natron이라는 단어를 쓰자고 제안했지요.

루트비히 길베르트는 데이비가 영어로 쓴 알칼리 금속 발견 관련 논문을 독일어로 번역할 때, sodium에 쓰인 soda 대신 Natron을 쓴 뒤 금속 원소 접미사 -ium을 붙여 Natronium[나트로니움]이라는 독일어 원소 이름을 지었습니다. 이 이름이 sodium보다 더 괜찮다고 생각한 베르셀리우스는 가운데 글자를 조금 덜어낸 natrium[나트리움]을 정식 라틴어 이름으로 정했고, 원소 기호로는 첫 두 글자인 Na를 택했습니다. 자연히 독일어권 지역에서는 sodium 대신 Natrium에서 유래한 이름을 사용했고, 네덜란드의 영향을 받은 일본 학계에서는 이 이름을 좇아 ナトリウム[나토리우무]라고 불렀습니다.

이 원소의 한국어 이름도 본래 나트륨이었지만, 1998년 명명법 개정 이후 소듐이 새로운 이름으로 확정되었습니다. 하지만 소듐이라는 이름은 포타슘만큼이나 실생활에서 거의 쓰이지 않고 있습니다. 이는 역설적으로 소듐이 일상에서 가장 흔하게 볼 수 있는 금속 원소라서 나트륨이라는 이름이 워낙 널리 알려졌기 때문이기도 합니다. 대표적으로 짠맛을 내는 소금의 주요 구성 성분은 염화 소듐$NaCl$입니다.

그뿐만 아니라 빵이나 달고나를 만들 때 사용하는 베이킹 소다는 탄산수소 소듐NaHCO₃이고, 비누와 샴푸에는 계면활성제 역할을 하는 긴 지방산 알킬기(alkyl group)를 가진 소듐염 분자가 들어 있습니다. 하지만 제품 뒷면의 성분표를 보면 대부분 나트륨이라는 이름을 포함한 성분명으로 표시되어 있지요. 이처럼 소듐이 새 이름으로 확정되었음에도 불구하고 우리나라 사람들 사이에서는 나트륨이라는 이름이 압도적으로 많이 쓰이고 있습니다.

반대로 영어에서는 나트륨보다는 소듐이라는 이름이 압도적으로 많이 쓰입니다. 다만 몇몇 의학 용어 중에 드물게 나트륨이라는 이름이 들어가 있는 경우가 있습니다. 우리 몸을 돌고 도는 피에는 다양한 이온들이 녹아 있어 전해질을 형성하는데, 그중 대표적인 이온이 바로 소듐 이온Na⁺입니다. 그런데 어떠한 이유로 인해 핏속 소

빵 반죽에 첨가되는 탄산수소 소듐은 가열하면 이산화 탄소CO₂를 발생시켜 빵을 부풀린다.

듐 이온 농도가 정상치와 크게 달라지는 상황이 발생하기도 합니다. 정상보다 높은 상태인 고(高)나트륨혈증을 hypernatremia[하이퍼너트리미아]라고 부르고, 반대로 소듐 이온이 낮은 상태인 저(低)나트륨혈증을 hyponatremia[하이포너트리미아]라고 부릅니다. 그리고 핏속 소듐 이온은 소변과 함께 몸 밖으로 배출되는데, 이때 콩팥에 문제가 생겨서 소변에 녹아 있는 소듐 이온이 너무 높아질 수 있습니다. 이러한 현상을 나트륨이뇨증이라고 하는데 영어로는 natriuresis [네이트리유리시스]라고 부르지요. 이 세 단어에서 나트륨 이름과 관련된 natr-이 보이는 것을 확인할 수 있지요? 이렇듯 영어에서도 간혹 나트륨이라는 이름이 사용되는 예를 찾아볼 수 있답니다.

험프리 데이비

험프리 데이비는 고작 6살 때 일찍 아버지를 여읜 뒤 약제사의 견습생으로 일하는 고생을 하면서도 다양한 학문을 독학하며 연구에 대한 열정과 호기심을 놓지 않았다고 합니다. 데이비의 재능을 높이 샀던 지역 정치인 데이비스 길버트Davies Gilbert는 자신의 친구이자 의학자였던 토머스 베도스Thomas Beddoes에게 데이비를 추천했고, 베도스는 데이비를 브리스틀Bristol에 자신이 세운 의학 연구 기관인 기체 연구소(Pneumatic Institution)에서 일하게 했습니다. 데이비는 그곳에서 웃음 가스라고도 불린 아산화 질소N_2O의 마취 효과를 발견했습니다. 그는 곧 대중 강연과 논고 작성을 통해 아산화 질소의 효과를 대대적으로 알렸고 이내 큰 명성을 얻었습니다.

데이비는 마침 영국 왕립 연구소(The Royal Institution)에서 사교계 청중들에게 과학 관련 시범 강연을 할 사람을 물색하던 벤저민 톰슨Benjamin Thompson의 눈에 들어왔습니다. 데이비의 뛰어난 대중 강연 실력은 왕립 연구소의 강연을 더욱 유명하게 만들었지요. 왕립 연구소 강연에서 데이비가 보여준 놀라운 실험은 주로 전기화학 실험이었는데, 특히 1806년에 선보인 전기 분해와 관련된 강연은 수많은 화학자에게 강한 인상을 심어주었습니다. 그는 전기 분해를 통해 1807년 소듐Na과 포타슘K을 분리해 냈습니다. 이듬해인 1808년에는 마그네슘Mg, 칼슘Ca, 스트론튬Sr, 바륨Ba을 분리하는 데도 성공했으며 붕소B와 염소Cl, 아이오딘I의 발견에도 기여했습니다.

 하지만 뭐니뭐니해도 데이비의 가장 큰 발견은 원소가 아니라 그의 조수였던 마이클 패러데이Michael Faraday였습니다. 삼염화 질소 NCl_3 실험 중 발생한 폭발 사고로 시력이 손상된 데이비는 비록 정식 교육은 받지 못했지만 뛰어난 과학적 소양과 실력을 갖춘 패러데이를 조수로 채용했습니다. 훗날 패러데이는 전자기학과 전기화학 분야에서 스승을 뛰어넘는 수준의 기여를 한 위대한 물리학자이자 화학자가 되었습니다.

험프리 데이비의 초상화

8장

트랜스페르뮴 전쟁

멘델레븀Md

노벨륨No

로렌슘Lr

러더포듐Rf

두브늄Db

시보귬Sg

사람들이 호기심을 가지기에 하는 겁니다.

— 앨버트 기오소Albert Ghiorso

원자가 존재한다고 주장한 최초의 근대 과학자는 18세기 영국의 화학자 존 돌턴John Dalton입니다. 그러나 정작 그 원자가 어떻게 생겼는지를 이해하게 된 것은 그로부터 200여 년은 족히 지난 20세기의 일이었습니다. 여러 학자가 연구한 결과, 원자는 음전하를 띤 '전자'와 양전하를 띤 '원자핵'으로 구성되어 있다는 것을 알게 되었지요. 본래 화학은 전자와 관련된 학문이었는데, 원자핵의 존재가 밝혀지면서 화학의 영역은 점차 핵으로까지 넓어졌습니다.

예를 들어 멀쩡한 원자가 높은 에너지를 가진 입자와 충돌하면 원래 원자 번호보다 낮은 원소로 쪼개지는 현상이 발생했는데, 이를 핵분열(nuclear fission)이라고 합니다. 반대로 원래 원자 번호보다 높은 원소가 만들어지는 경우도 있었지요. 이는 핵융합(nuclear fusion)이라고 합니다. 새로운 학문인 핵화학(nuclear chemistry)은 '원자는 다른 원소의 원자로 변하지 않는다'라고 주장한 돌턴의 원자설을 정면으로 반박했습니다. 한마디로 이제 인간은 자연에 이미 존재하는 원자를 인위적으로 바꿀 수 있는 능력을 가지게 되었습니다.

하지만 핵화학 반응을 일으킬 때 발생하는 막대한 에너지는 대량 살상 무기로 활용될 수 있었습니다. 이 우려는 현실이 되어 1945년에 히로시마広島와 나가사키長崎에 원자폭탄이 떨어져 20여만 명이 목숨을 잃었지요. 세계대전 이후 냉전 시대의 양대 강국이었던 미국과 소련의 핵무기 개발 경쟁도 무척 치열했습니다. 8장에서는 1940년대 이후 핵융합으로 합성된 원소들과 그 이름을 둘러싼 논쟁으로 후끈했던 트랜스페르뮴 전쟁(Transfermium War) 이야기를 해보려 합니다.

초우라늄 원소

원자 번호 92번인 우라늄U 이후의 원소들을 초(超)우라늄 원소 (transuranium elements)라고 부릅니다. 이들 원소의 원자들은 하나같이 매우 불안정한 원자핵을 가지고 있어서 스스로 핵분열을 일으켜 낮은 원자 번호를 가지는 원소로 붕괴되곤 합니다. 그래서 초우라늄 원소의 원자들은 좀처럼 자연계에서 안정적인 상태로 존재하지 못 했습니다.

하지만 원소 주기율표의 빈 자리를 채우고 그 영역을 확장하려 애썼던 화학자들은 인공적으로 일으킨 핵반응을 통해 탄생한 수많은 원자를 하나하나 분석했습니다. 연구를 거듭한 끝에 마침내 짧은 순간이나마 비교적 안정적으로 존재하는 초우라늄 원소들을 합성해 내는 데 성공했지요. 그 결과 제2차 세계대전이 벌어지던 1940년대부터 초우라늄 원소들의 존재가 세상에 알려졌습니다.

이 초우라늄 원소들의 이름이 정해진 계기와 유래가 특히 흥미롭습니다. 우선 원자 번호 93번과 94번인 넵투늄Np과 플루토늄Pu은 천왕성(Uranus)에서 유래한 이름인 우라늄 옆에 자리 잡은 원소이므로 천왕성 다음으로 발견된 행성인 해왕성(Neptune)과 명왕성(Pluto)

의 영어 이름을 붙였습니다. 그 뒤에 이어지는 원자 번호 95번, 96번, 97번인 아메리슘Am, 퀴륨Cm, 버클륨Bk은 주기율표에서 바로 윗줄에 있는 원자 번호 63번, 64번, 65번인 유로퓸Eu, 가돌리늄Gd, 터븀Tb과 각각 대륙 이름(유럽 ↔ 아메리카), 과학자 이름(요한 가돌린Johan Gadolin ↔ 마리 퀴리), 마을 이름(위테르뷔Ytterby ↔ 버클리Berkeley)이 대응되도록 지은 이름입니다.

하지만 이런 전통은 98번 원소에서 깨졌습니다. 그 윗줄에 있던 원자 번호 66번 디스프로슘Dy은 고전 그리스어로 '다다르기 힘든'이라는 뜻을 가진 dysprósitos[뒤스프로시토스]에서 온 이름인데, 아무리 머리를 굴려봐도 도무지 이것과 대응하는 단어로 원소 이름을 짓기가 어려웠던 모양입니다. 그래서 이 원소를 발견한 로런스 버클리 국립 연구소(LBNL. Lawrence Berkeley National Laboratory)가 미국

LBNL의 연구 시설과 주변 전경

캘리포니아California주에 있는 캘리포니아 대학에 있었다는 점을 들어 California에 금속 원소 접미사 -ium을 붙여서 캘리포늄(californium)이라는 이름을 지었지요. 캘리포늄과 디스프로슘의 의미가 연결된다고 주장하는 사람도 있었습니다. 과거에 금광을 찾는 사람들이 무작정 캘리포니아로 몰려들었던 골드 러시 시절에는 캘리포니아에 다다르기가 무척 힘들었다는 식으로 캘리포늄과 디스프로슘의 유사성을 설명하고자 시도한 것인데, 다소 억지스러운 설명으로 보이긴 합니다.

그다음 99번과 100번 원소는 각각 아인슈타이늄Es과 페르뮴Fm입니다. 1952년 11월 당시 태평양에 있던 미국령 섬 마셜 제도Marshall Islands에서 수소폭탄 실험이 진행되었습니다. 실험의 결과로 형성된 방사능 먼지에서 새로운 원소 2종이 발견되었는데, 이 원소가 바로 아인슈타이늄과 페르뮴입니다. 학자들은 원소 이름을 지을 때 핵반응과 관련된 연구의 선구자였던 독일의 물리학자 알베르트 아인슈타인Albert Einstein과 이탈리아의 물리학자 엔리코 페르미Enrico Fermi의 이름을 땄지요.

수소폭탄 실험 이야기가 나온 것을 보면 알 수 있지만, 이 시기는 제2차 세계대전이 끝난 이후 미국으로 대표되는 자유민주주의 진영과 소련으로 대표되는 공산주의 진영이 사상적으로 치열하게 대립하던 때였습니다. 소련은 LBNL을 앞세운 미국이 핵반응과 관련된 모든 과학 지식과 경험을 독식하면 체제 경쟁에서 크게 뒤처질 것을 우려했습니다. 소련은 이에 맞서 모스크바에서 북쪽으로 조금 떨어진 두브나Dubna라는 동네에 1940년대 후반부터 핵화학 연구 시설을 들여왔고, 1956년에 정식으로 합동 원자핵 연구소(JINR. Joint Institute for Nuclear Research)를 설립했습니다. 이때부터 미국 측 기관인 LBNL과 소련 측 기관인 JINR 사이에 신경전이 벌어졌습니다.

멘델레븀 Md

◇◇◇◇◇◇◇◇◇◇◇◇◇◇◇◇◇◇◇◇

트랜스페르뮴 원소(transfermium elements), 즉 원자 번호 100번인 페르뮴Fm 이후에 발견된 원소 중 가장 먼저 만나볼 원소는 바로 멘델레븀입니다. LBNL의 핵물리학자 앨버트 기오소Albert Ghiorso와 그의 연구진은 원자 번호 99번 아인슈타이늄Es에 2번 헬륨He 이온을 충돌시켜 99+2=101번 원소를 만들어내는 데 성공했습니다.

　이들은 새로 합성된 원소에 멘델레븀(mendelevium)이라는 이름을 제안했습니다. 원소 주기율표를 만드는 데 지대한 공헌을 한 러시아의 화학자 드미트리 멘델레예프의 이름인 Mendeleev에 접미사 -ium을 붙인 것이지요. 이 이름을 두고 공동 발견자인 미국 핵화학자 글렌 시보그Glenn Theodore Seaborg는 훗날 이런 기록을 남겼습니다.

드미트리 멘델레예프

저희는 원소 주기율표를 발전시킨 러시아의 화학자 드미트리 멘델레예프의 이름을 따서 원소 이름을 정하는 것이 좋다고 생각했습니다. 초우라늄 원소를 발견할 때 우리는 거의 대부분 멘델레예프가 그랬던 것처럼 주기율표상 원소의 위치에 따른 화학적 성질들을 예측하는 방법에 의지해 왔기 때문이죠. 하지만 냉전 시기에 러시아인의 이름을 딴 원소 이름을 정하는 것은 몇몇 미국인 비평가들에겐 받아들여질 수 없었던 대담한 행동이었습니다.

따라서 시보그는 미국 과학자 집단이 최대 경쟁국인 소련 사람의 이름을 원소 이름으로 제안한다는 사실에 정치적인 문제가 생기지 않도록 미국 정부의 공인된 허락을 받아야 했습니다. IUPAC은 LBNL 측의 제안을 받아들여 1955년 정식으로 101번 원소의 이름을 멘델레븀으로 확정했습니다.

러시아인의 이름을 딴 멘델레븀이라는 이름이 미국의 LBNL에서 제안되었다는 사실은 의미가 컸습니다. 비록 체제는 다를지언정 과학자들은 국경을 초월해 서로를 존중하며 화합할 수 있다는 희망적인 메시지를 보여줬거든요. 그러나 바로 다음인 102번 원소 노벨륨No부터 이런 아름다운 그림은 처참하게 무너졌습니다.

노벨륨 No

╳╳╳╳╳╳╳╳╳╳╳╳╳╳╳

102번 원소를 발견했다고 처음 보고한 쪽은 LBNL도 JINR도 아닌 스웨덴 스톡홀름Stockholm에 있는 노벨 물리학 연구소와 협업하던 다국적 연구진이었습니다. 이들은 1957년 원자 번호 96번 퀴륨Cm에 6번 탄소C 이온을 충돌시켜 96+6=102번 원소를 만들어냈습니다. 연구진은 다이너마이트를 개발한 스웨덴의 화학자·공학자·발명가 알프레드 노벨의 이름을 따 그의 이름에 -ium을 붙인 노벨륨(nobelium)이라는 이름을 제안했습니다. IUPAC은 일찌감치 이 제안을 받아들이고 원소 기호로는 앞 두 글자를 따서 No로 결정했지요.

그런데 문제는 이 핵반응을 다른 실험실에서 진행해 봤더니 도저히 같은 결과를 내지 못했다는 것이었습니다. 미국의 LBNL은 물론 소련의 JINR에서도 노벨 물리학 연구소의 실험 결과를 검증하는 데 실패했습니다. 핵융합이 되는 것 같기는 한데, 이게 정말 102번 원소가 맞는지 의심스러웠던 것이지요. 원소 이름이 정해졌는데도 정작 실체는 아리송한 기묘한 상황이 되고 말았습니다.

노벨상 메달에 부조로 새겨진 알프레드 노벨

이후 LBNL은 노벨 물리학 연구소의 결과를 정밀하게 반복하는 등 갖은 노력 끝에 수 초 동안 안정적인 102번 원소를 만들어내는 데 성공했고, 최초로 제안된 이름인 노벨륨을 그대로 유지해서 사용할 것을 제안했습니다.

그런데 더욱 확실하게 102번 원소를 만들어낸 것은 소련의 게오르기 플료로프Georgiy Nikolaevich Flerov가 이끈 JINR 연구진이었습니다. 이들은 95번 아메리슘Am과 7번 질소N, 혹은 92번 우라늄U과 10번 네온Ne을 충돌시켜 95+7=92+10=102번 원소를 발견하고 이 사실을 1966년 논문으로 발표했지요. 이렇게 만들어진 102번 원소는 수십 초 이상 안정된 상태가 유지되었습니다. 이듬해 미국의 LBNL도 같은 방식을 사용해서 자신들이 만들었던 것보다 안정적인 102번 원소 핵종을 만들 수 있다는 사실을 교차 검증했습니다. 노벨 물리학 연구소나 LBNL 입장에서는 약간 속이 쓰린 소식이었겠지만, 그래도 큰 문제는 없어 보였습니다. 어쨌든 먼저 발견해서 이름을 정한 건 자기들 쪽이었으니까요.

그런데 1969년, 소련 측은 더 정확한 실험 결과를 바탕으로 보다 안정적인 원소를 만들어낸 자신들에게 원소 이름을 정할 권리가 있다고 주장했습니다. 그러면서 제안한 이름이 바로 졸리오튬(joliotium)으로, 마리 퀴리의 딸이자 노벨화학상 수상자인 이렌 졸리오퀴리Irène Joliot-Curie의 성을 따서 만든 이름이었습니다. 성이 왜 이렇게 길까 싶겠지만, 이것은 그녀의 남편인 프레데리크 졸리오퀴리Jean Frédéric Joliot-Curie의 결혼 전 성인 졸리오가 퀴리라는 성과 합쳐졌기 때문입니다. 프레데리크는 이렌과 만나기 전부터 퀴리 부부를 무척 존경해 왔고, 결혼을 하게 되면 후손들에게도 퀴리라는 이름을 물려주고 싶어 했다고 합니다. 서양에서는 통상적으로 여성이 결혼을 하면 이전에 가지고 있던 성을 남편의 성으로 고치곤 했지만, 그는 이례적으로 자신의 성 졸리오에 아내의 성인 퀴리를 하이픈(-)으로 연결시켜 졸리오퀴리라는 새로운 성을 만들었습니다. 마침 퀴리라는 성은 96번 원소인 퀴륨Cu의 이름에 쓰였기 때문에, 소련 과학자들은 다른 성인 졸리오를 102번 원소 이름에 사용하고자 했던 것이지요.

그러나 미국 측에서는 노벨륨이라는 공인된 이름이 이미 존재하니 새로운 이름을 짓는 것은 부당하다며 격렬히 반발했습니다. 그런데 그 이면에는 졸리오퀴리 부부가 미국과 정치적·이념적으로 대립하는 사회주의를 지지했기 때문이라는 이야기도 있습니다. 졸리오퀴리 부부는 1930년대부터 유럽에 퍼진 전체주의를 반대하는 정치 운동에 가담했습니다. 특히 남편인 프레데리크는 여기서 한발 더 나아가 제2차 세계대전이 한창이던 1942년 프랑스 공산당에 가입하기도 했습니다. 졸리오퀴리 부부는 전체주의가 불러온 참극을 극복하고자 평화와 연대를 부르짖었지만, 하필 그 대안으로 생각한 것이 소련의 사회주의 사상이었던 것입니다. 당연하게도 소련을 자주 방문하는 이 부부를 자유주의 진영에서는 굉장히 껄끄럽게 생각했지요. 특히 미국의 경계는 어마어마했습니다. 심지어 1953년 이렌 졸리오퀴리가 미국화학회(American Chemical Society)에 입회 원서를 제출하자 그가 노벨상 수상자임에도 불구하고 정치적 성향을 이유로 거절할 정도였습니다. 이런 악연이 있는 이렌 졸리오퀴리의 이름을 딴 원소 이름을 짓는다는 것은 당시 미국 학자들에게 있어서는 안 될 일이 아니었을까요? 실제로 졸리오튬이라는 이름은 이후로도 몇 번 더 제안되었지만, 결국 그 이름이 채택되는 일은 없었습니다.

의외로 102번 원소의 이름에 얽힌 논쟁은 길게 이어졌습니다. 오랜 기간 많은 사람이 노벨륨이라는 이름으로 연구를 진행해 왔으니 그 이름을 그대로 유지하자는 입장을 취했던 IUPAC은 엉뚱하게도 1995년에 갑자기 플료로프의 이름을 딴 플레로븀(flerovium)을 대신 쓰는 것이 어떻겠냐고 제안했습니다. 예상하다시피 이 제안은 극심한 반발에 부딪혔고, 결국 최초 발견 이후 40년이 지난 1997년에 와서야 102번 원소명으로 노벨륨이라는 이름을 유지하는 것이 확정되었습니다. 이 이야기는 205쪽에서 106번 원소인 시보귬Sg을 이야기할 때 다시 다뤄보겠습니다.

로렌슘 Lr

∨∨∨∨∨∨∨∨∨∨∨∨∨∨∨∨

로렌슘의 첫 발견은 LBNL의 몫이었습니다. 1961년, LBNL 연구진은 원자 번호 98번 캘리포늄Cf에 5번 붕소B 이온을 충돌시켜 98+5=103번 원소를 합성해 냈습니다. 이들은 사이클로트론(cyclotron)이라고 불리는 입자 가속기를 개발하는 한편, 캘리포니아 대학에 LBNL을 설립하는 데 지대한 공헌을 한 어니스트 로런스Ernest Orlando

캘리포니아 대학 연구소의 과학자들. 맨 아랫줄 왼쪽에서 네 번째에 어니스트 로런스가 앉아 있다.

Lawrence의 이름을 따 로렌슘(lawrencium)이라는 이름을 새 원소에 붙였습니다. 처음에 제안한 원소 기호는 Lw였지만, IUPAC이 Lr로 고칠 것을 제안했고 Lr을 원소 기호로 결정했습니다.

그런데 JINR 측에서는 IUPAC이 너무 성급하게 미국 측 발견을 인정했다며 반발했습니다. 이들은 1965년에 95번 아메리슘Am과 8번 산소O 이온을 충돌시켜 95+8=103번 원소를 만들었다고 주장하면서, 로런스와 같은 이름(Ernest)을 가졌으나 성이 다른 뉴질랜드 태생의 핵물리학자인 어니스트 러더퍼드의 이름을 딴 러더포듐(rutherfordium)을 제안했습니다. 노벨상 수상자이기도 한 러더퍼드의 명성을 부정할 사람은 아무도 없었지만, JINR의 이런 제안은 LBNL의 자존심을 긁는 행동이었지요.

훗날 IUPAC은 JINR의 실험 결과가 훨씬 신뢰성이 있는 편이기는 해도 LBNL의 최초 실험 결과가 103번 원소 발견에 큰 공헌을 한 것은 외면할 수 없는 사실이라고 판단했습니다. 이와 더불어 로렌슘이라는 이름이 꽤 오랫동안 쓰였다는 이유로 1997년에 러더포듐 대신 로렌슘을 103번 원소의 이름으로 최종 확정했습니다.

로렌슘까지는, 즉 트랜스페르뮴 원소 중 103번 원소까지는 미국 측 연구자들이 지지하던 이름이 두루 쓰여왔기 때문에 이후 소련 측에서 새로운 이름을 들고 와 문제 제기를 하더라도 별다른 혼란이 없었습니다. 그러나 다음에 소개할 104번 원소부터는 그야말로 뒤죽박죽 난장판이 되고 맙니다.

러더포듐 Rf

◇◇◇◇◇◇◇◇◇◇◇◇◇◇◇◇◇◇

104번 원소를 최초로 발견한 연구진은 소련의 JINR이었습니다. 이들은 1964년, 원자 번호 94번 플루토늄Pu에 10번 네온Ne 이온을 충돌시켜 94+10=104번 원소를 합성했지요. 미국 측보다 먼저 원소를 발견한 소련 학자들은 104번 원소에 소련 원자폭탄의 아버지라고도 불리는 핵물리학자 이고리 쿠르차토프Igor Vasilyevich Kurchatov의 이름을 따서 쿠르차토븀(kurchatovium)이라는 이름을 붙였습니다.

문제는 이 실험 결과가 약간 부정확했다는 것이었습니다. JINR은 1966년에 이 실험 결과를 반복해서 보여주는 데 성공했지만, 미국 측에서는 영 미심쩍다는 반응을 보였습니다. 한편 LBNL은 1969년에 98번 캘리포늄Cf과 6번 탄소C 이온을 충돌시켜 98+6=104번 원소를 만들었는데, 그 결과가 JINR의 결과보다 훨씬 더 믿을 만하다는 사실을 알게 되었습니다.

그전까지와는 달리 후속 연구자로서 앞선 연구 결과를 뒤집어야 하는 입장이 된 LBNL은 JINR이 103번 원소의 이름으로 로렌슘 대신 제안했던 러더포듐을 역으로 104번 원소 이름으로 제안했습니다. 로렌슘이라는 이름도 지키면서 소련이 제안한 쿠르차토븀도 밀어낼 수 있는 묘안이었지요.

　소련과 미국은 한 치의 양보도 하지 않을 심산이었습니다. IUPAC은 JINR과 LBNL 양측이 104번 원소 발견에 동등하게 공헌했다는 입장을 취했지만, 기싸움은 쉽게 수그러들지 않았습니다. 심지어 LBNL의 수장이었던 앨버트 기오소와 글렌 시보그는 1975년 소련 두브나에 있는 JINR에 직접 찾아가 담판을 지으려고까지 했지요. 그러나 장장 두 시간이 넘는 논의에도 합의에 이르지 못하고 말았습니다.

뉴질랜드 태생의 핵물리학자인 어니스트 러더퍼드는 원자에 양전하가 뭉친 핵이 존재한다는 것을 입증했다.

1978년 IUPAC은 트랜스페르뮴 원소 중 이름을 확실하게 결정하지 못한 원소들에 일단 임시로 이름을 붙이자고 제안했습니다. 각 자릿수에 해당하는 숫자들을 라틴어나 그리스어로 나눠 읽자는 것으로, 한국어로 말하면 104를 [일영사]라고 읽는 것과 비슷한 방식이었습니다. 라틴어로 1은 unus[우누스], 0은 nihil[니힐], 4는 quattuor[쿠아투오르]입니다. 여기서 각각 어근(語根)만 취해 un[운], nil[닐], quad[쿠아드]로 읽으면 104는 unnilquad가 되지요. 여기에 접미사 -ium을 붙인 unnilquadium[운닐쿠아듐]이 104번 원소의 임시 이름으로 정해졌습니다.

하지만 이 이름은 임시일 뿐, 언젠가는 정식으로 이름을 확정해

숫자	표기	어원
0	닐(nil)	라틴어 nihil
1	운(un)	라틴어 unus
2	바이(bi)	라틴어 bis
3	트라이(tri)	라틴어 tres
4	쿠아드(quad)	라틴어 quattuor
5	펜트(pent)	그리스어 pénte
6	헥스(hex)	그리스어 héx
7	셉트(sept)	라틴어 septem
8	옥트(oct)	라틴어 octo
9	엔(en)	그리스어 ennéa

야 했습니다. 1994년 IUPAC은 104번 원소의 이름으로 쿠르차토븀도 러더포듐도 아닌 JINR이 위치한 동네인 두브나의 이름을 따서 두브늄(dubnium)이라는 이름을 제안합니다. 제3의 이름이 채택되면 양측의 대립이 잠잠해지지 않을까 싶었지만, 미국 측은 JINR의 손을 들어주는 듯한 이 결정에 크게 반발했습니다. 소련은 이미 1991년 12월 26일 해체되었고, 냉전 시대도 공식적으로는 막을 내렸지만 여전히 JINR은 미국의 옛 적국에 속한 라이벌 연구소로 인식되고 있었습니다.

결국 IUPAC은 중재안을 만들어 미국 측과 일종의 거래를 합니다. 이번 104번과 106번 원소 이름은 LBNL의 제안을 따르되, 105번 원소에는 IUPAC이 1994년에 제안했던 두브늄을 써야 한다는 주장이었습니다. 아무리 미국이 소련과 관련된 것들을 정치적인 이유로 적대한다고 하지만, 소련은 이제 존재하지도 않는 마당에 트랜스페르뮴 원소들을 발견하는 데 JINR이 이룩한 과학적 성취와 공헌을 더는 무시할 수 없다는 것이 그 이유였습니다. 미국은 마지못한 듯 이 제안을 받아들였지요. 이렇게 104번 원소의 이름은 러더포듐, 원소 기호는 Rf로 확정되었습니다.

두브늄 Db

◇◇◇◇◇◇◇◇◇◇◇◇◇◇◇◇◇

바로 앞에서 잠깐 등장한 105번 원소를 처음 발견한 곳 역시 소련의 JINR이었습니다. 플료로프가 이끄는 연구진은 1968년, 원자 번호 95번 아메리슘Am에 10번 네온Ne 이온을 충돌시켜 95+10=105번 원소를 합성하는 데 성공했다고 보고했습니다. 그들은 이 원소에 덴마크의 물리학자이자 양자역학의 선구자인 닐스 보어Niels Bohr의 이름을 따 닐스보륨(nielsbohrium)이라는 이름을 제안했습니다.

경쟁에서 뒤처질 수 없었던 미국의 LBNL은 1970년 98번 캘리포늄Cf에 7번 질소 이온을 충돌시켜 98+7=105번 원소를 합성하는 데 성공했다는 연구 결과를 발표합니다. 그리고 JINR의 결과가 의심스럽다는 의견을 표명하면서, 105번 원소의 이름으로 독일의 핵화학자이자 핵융합의 아버지라는 별명을 가진 오토 한의 이름을 따서 하늄(hahnium)이라는 이름을 제안했습니다. 104번 원소에 이어 이름을 두고 JINR과 LBNL이 기싸움을 벌인 것이지요.

IUPAC은 이 끝나지 않는 싸움을 중재하려고 애썼고, 105번 원소를 일단 임시로 숫자 5의 그리스어 어근인 pent[펜트]로 읽어 unnilpentium[운닐펜티움]이라고 불렀습니다. 그러던 1994년

IUPAC은 105번 원소의 이름으로 닐스보륨이나 하늄이 아닌, 과거에 소련 측에서 102번 원소 이름으로 제안했던 졸리오튬을 다시 제안합니다. 역시나 미국 측은 JINR의 손을 들어주는 듯한 이 결정에 크게 반발했습니다. 미국화학회는 IUPAC의 제안에는 아랑곳하지 않고 하늄이라는 이름을 써왔고, 절대로 이를 바꾸지 않을 거라며 엄포를 놓았지요.

그러나 러더포듐Rf 이야기 마지막에서 언급한 대로 IUPAC은 1997년 미국 측과 일종의 거래를 했고, 그 결과 105번 원소의 이름은 두브늄으로, 원소 기호는 Db로 정해졌습니다.

JINR의 모습들. 본관에는 합동 연구소 창립에 기여한 18개국의 국기가 걸려 있으나, 현재 우크라이나를 포함한 5개국은 JINR 멤버가 아니다.

시보귬 Sg

◇◇◇◇◇◇◇◇◇◇◇◇◇◇◇◇◇◇

치열하게 지속된 트랜스페르뮴 전쟁이 절정에 이른 시기가 바로 106번 원소의 이름을 정할 때였습니다. 106번 원소는 1974년 JINR 과 LBNL에서 거의 비슷한 시기에 발견했습니다. JINR은 82번 납Pb 에 24번 크로뮴Cr 이온을 충돌시켜 82+24=106번 원소를 만든 반면, LBNL 측은 원자 번호 98번 캘리포늄Cf에 8번 산소O 이온을 충돌시 켜 98+8=106번 원소를 얻는 데 성공했지요.

재미있는 사실은 지금까지의 트랜스페르뮴 원소들과는 달리 소련과 미국 측 어디에서도 새로 합성한 106번 원소의 이름을 제안 하지 않았다는 것입니다. JINR의 106번 원소 실험 결과는 LBNL의 결과보다 약간 부족한 부분이 있었기에 소련 측에서는 104번과 105 번처럼 과감하게 이름을 먼저 제안할 자신감이 부족했습니다.

LBNL 측도 아직 꽤 많은 트랜스페르뮴 원소 이름이 확정되지 않아 논란이 가득한 마당에, 굳이 나서서 괜한 논란을 더 얹을 필요 는 없다고 생각했습니다. 결국 106번 원소는 IUPAC이 정한 임시 이름으로 6에 해당하는 그리스어 어근 hex[헥스]를 포함한 unnilhexium[운닐헥시움]이 되었고, 이 이름이 오랫동안 쓰였습니다.

상황이 바뀐 것은 1993년, IUPAC에서 핵반응을 통해 106번 원소를 제대로 합성하고 확인한 곳이 LBNL이라는 최종 결론을 발표하면서였습니다. 공식적으로 106번 원소 이름을 정할 수 있는 권리를 갖게 된 LBNL의 과학자들은 한데 모여 새 원소 이름을 논의했습니다. LBNL 소속 연구원이었던 글렌 시보그는 이때의 상황을 자서전에서 다음과 같이 회상했습니다.

앨버트 기오소 그룹에 속했던 여덟 사람은 아이작 뉴턴Isaac Newton, 토머스 에디슨Thomas Edison, 레오나르도 다 빈치 Leonardo da Vinci, 페르디난드 마젤란Ferdinand Magellan, 신화에 나오는 율리시스Ulysses, 조지 워싱턴George Washington, 팀원 중 하나의 고국인 핀란드Finland 등 여러 이름을 제안했죠. 꽤 오랜 시간 동안 논의했지만 의견이 모이지도 않았고 가장 많은 지지를 받는 이름도 딱히 없었습니다.

그러다가 LBNL의 수장인 기오소는 시보그에게 전혀 생각지도 못했던 제안을 합니다. 새 원소를 시보그의 이름에 -ium을 붙여 명명하자는 것이었지요.

하루는 그가 제 사무실로 오더니 106번 원소를 시보귬 (seaborgium)으로 하는 것이 어떻냐고 물었습니다. 저는 놀

라 쓰러지는 줄 알았어요.

이 장난 같은 제안은 실제로 미국화학회에 제출되었고, 1994년 샌디에이고San Diego에서 열린 미국화학회 총회에서 106번 원소 이름을 시보귬으로, 원소 기호를 Sg로 한다는 사실이 정식으로 선언되었습니다.

하지만 뜻밖에도 IUPAC에서는 트랜스페르뮴 원소들의 이름과 관련된 논란을 정리한다는 차원에서 미국화학회의 제안을 완전히 무시했습니다. 그리고 오히려 미국 측이 104번 원소 이름으로 제안한 러더포듐을 106번 원소 이름으로 채택하자고 제안했습니다. 동시대에 살아 있는 사람의 이름으로 원소를 명명할 수 없다는 이유를 대면서 말이지요.

이 결정은 지금까지 원소 이름을 두고 벌어진 논란과는 전혀 다른 형태의 논란을 불러일으켰습니다. 왜냐하면 아인슈타이늄Es과 페르뮴Fm 역시 아인슈타인과 페르미가 살아 있을 때 제안된 이름이었기 때문입니다.(이름이 확정된 시기는 두 과학자가 사망한 직후인 1955년이긴 했지만요.) LBNL의 소장이었던 찰스 섕크Charles Vernon Shank는 굉장한 불만을 표하며 이렇게 말했다고 합니다.

106번 원소를 발견하는 데 누가 공헌했는가에 대한 이견은 없으며, 발견한 팀이 만장일치로 시보귬이라는 이름을 고른

것입니다. 원소를 발견했다고 인정받은 사람들이 이름을 정하는 권리를 두고 논란이 있었던 적은 여태까지 전혀 없었던 바, 우리는 이 특권을 강력하게 지킬 것입니다.

하지만 IUPAC도 나름의 논리가 있었습니다. 미국의 거대 화학 회사인 듀폰(DuPont)의 연구 과학자이자 IUPAC에서 화합물 명명법을 다루는 위원회에 속했던 미국의 화학자 앤서니 아두엔고 3세 Anthony Joseph Arduengo III는 미국 화학 및 화학공학 관련 전문 잡지인 〈화학 및 공학 뉴스Chemical & Engineering News〉와의 인터뷰에서 이렇게 말했습니다.

발견자들은 원소 이름을 정할 권리를 가지는 것이 아닙니다. 단지 이름을 제안할 권리를 가지는 것이죠. 그리고 저희는 그 원칙을 어긴 게 아닙니다.

이 인터뷰에 대한 시보그의 의견은 다음과 같았습니다.

원소를 발견했다고 공인된 사람이 원소 이름을 정하는 특권을 부정당한 역사상 최초의 사례가 될 것입니다.

미국 내 여론은 험악했고, IUPAC은 이내 강력한 압력과 반발

글렌 시보그. 훗날 뒤에 있는 주기율표에는 그의 이름을 딴 원소 시보귬이 추가되었다.

에 맞서야 했습니다. 이듬해인 1995년 IUPAC은 미국과 일대일 교환 거래를 시도했습니다. 106번 원소 이름을 시보귬으로 정하는 대신, 미국 측이 제안해서 결정했던 102번 원소의 이름 노벨륨No을 플료로프의 이름을 딴 플레로븀(flerovium)으로 바꾸자고 제안한 것입니다. 지금까지 잘 써왔던 102번 원소 이름을 건드리자 미국 과학자들은 더 거세게 반발했고, IUPAC은 그야말로 혹 떼려다 혹 붙인 격이 되었습니다. 결국 1997년 최종 결정을 통해 106번 원소 이름을 시보귬으로 확정했습니다. 시보그는 최종 결정이 난 뒤 1년 반 정도가 흘러 세상을 떠났는데, 죽기 전에 이런 글을 남겼습니다.

두말하면 잔소리겠지만, 74번 원소 텅스텐 밑에 자리잡은 106번 원소의 이름으로서 시보귬을 추천해 주신 미국의 화학자들이 자랑스럽습니다. 언젠가 화학자들이 염화 시보귬, 질산 시보귬, 어쩌면 시보귬산 소듐과 같은 화합물들을 언급할 날이 오기를 진심으로 바랍니다. 제 생각에 이것은 노벨상을 수상했을 때보다 더 큰 영예입니다. 훗날 화학을 공부하는 학생들이 원소 주기율표를 공부하다가 왜 이 원소가 제 이름을 따서 명명되었는지 궁금해할 테고, 그러면 제가 한 일을 더 많이 알게 되겠지요.

유리 오가네샨

유리 오가네샨은 수많은 초(超)악티늄족 원소들을 발견하는 데 지대한 공을 세운 핵물리학자입니다. 소련 시절 아르메니아의 예레반Yerevan에서 살았던 오가네샨은 제2차 세계대전이 종전되고 러시아로 가서 학위를 딴 뒤, 게오르기 플료로프가 이끌던 JINR에 채용되어 새로운 원소를 핵반응으로 만드는 연구에 참여했습니다.

오가네샨은 초악티늄족 원소를 합성하기 위한 효율적인 핵융합 반응을 설계했으며, 각종 핵반응 메커니즘에 대한 이해는 물론 가속기와 같은 기기들을 건설하고 개량하는 데 크게 기여했습니다. 특히 원자 번호 20번인 칼슘Ca과 다양한 악티늄족 원소들을 충돌시켜 113번부터 118번까지의 원소들을 합성해 내는 데 성공했습니다. 2023년 기준으로 118종의 원소 중 원자량이 제일 큰 원소이자 가장 높은 원자 번호를 가지고 있는 118번 원소가 바로 오가네샨의 이름을 딴 오가네손Og입니다.

오가네손은 아인슈타이늄Es, 페르뮴Fm, 시보귬Sg에 이어 명명 당시 생존한 사람의 이름을 딴 원소인데, 이 중 2023년 기준으로 살아 있는 사람은 오가네샨뿐입니다. 그야말로 살아 있는 화학 원소의 전

설이라 불러도 손색없겠지요. 오가네샨은 원소 주기율표에서 아인슈타인, 멘델레예프, 퀴리, 러더퍼드와 같은 유명한 과학자 이름 옆에 자신의 이름이 있는 것을 보면 어떤 생각이 드냐는 질문에 이렇게 답했다고 합니다.

별것 아닙니다! 과학에서 발견자의 이름을 따라 새로운 명칭을 짓는 것은 관습이에요. 화학 원소는 수가 적기 때문에 그런 일이 적게 일어날 뿐이지, 수학에서 누군가의 이름을 딴 공식과 법칙들이 얼마나 많은지 생각해 보세요. 의학에서는 알츠하이머Alzheimer나 파킨슨Parkinson도 있지 않습니까? 그러니 딱히 특별한 것은 아닙니다.

아르메니아 우표에 담긴 유리 오가네샨과 오가네손

언어별 원소 이름 목록

한국어	일본어	중국어	영어	독일어	라틴어
수소	水素	氢	Hydrogen	Wasserstoff	Hydrogenium
헬륨	ヘリウム	氦	Helium	Helium	Helium
리튬	リチウム	锂	Lithium	Lithium	Lithium
베릴륨	ベリリウム	铍	Beryllium	Beryllium	Beryllium
붕소	ホウ素	硼	Boron	Bor	Borium
탄소	炭素	碳	Carbon	Kohlenstoff	Carbonium
질소	窒素	氮	Nitrogen	Stickstoff	Nitrogenium
산소	酸素	氧	Oxygen	Sauerstoff	Oxygenium
플루오린	フッ素	氟	Fluorine	Fluor	Fluorum
네온	ネオン	氖	Neon	Neon	Neon
소듐	ナトリウム	钠	Sodium	Natrium	Natrium
마그네슘	マグネシウム	镁	Magnesium	Magnesium	Magnesium
알루미늄	アルミニウム	铝	Aluminium	Aluminium	Aluminium
규소	ケイ素	硅	Silicon	Silicium	Silicium

한국어	일본어	중국어	영어	독일어	라틴어
인	リン	磷	Phosphorus	Phosphor	Phosphorus
황	硫黄	硫	Sulfur	Schwefel	Sulphur
염소	塩素	氯	Chlorine	Chlor	Chlorum
아르곤	アルゴン	氩	Argon	Argon	Argon
포타슘	カリウム	钾	Potassium	Kalium	Kalium
칼슘	カルシウム	钙	Calcium	Calcium	Calcium
스칸듐	スカンジウム	钪	Scandium	Scandium	Scandium
타이타늄	チタン	钛	Titanium	Titan	Titanium
바나듐	バナジウム	钒	Vanadium	Vanadium	Vanadium
크로뮴	クロム	铬	Chromium	Chrom	Chromium
망가니즈	マンガン	锰	Manganese	Mangan	Manganum
철	鉄	铁	Iron	Eisen	Ferrum
코발트	コバルト	钴	Cobalt	Cobalt	Cobaltum
니켈	ニッケル	镍	Nickel	Nickel	Niccolum
구리	銅	铜	Copper	Kupfer	Cuprum
아연	亜鉛	锌	Zinc	Zink	Zincum
갈륨	ガリウム	镓	Gallium	Gallium	Gallium
저마늄	ゲルマニウム	锗	Germanium	Germanium	Germanium
비소	ヒ素	砷	Arsenic	Arsen	Arsenicum
셀레늄	セレン	硒	Selenium	Selen	Selenium

한국어	일본어	중국어	영어	독일어	라틴어
브로민	臭素	溴	Bromine	Brom	Bromum
크립톤	クリプトン	氪	Krypton	Krypton	Krypton
루비듐	ルビジウム	铷	Rubidium	Rubidium	Rubidium
스트론튬	ストロンチウム	锶	Strontium	Strontium	Strontium
이트륨	イットリウム	钇	Yttrium	Yttrium	Yttrium
지르코늄	ジルコニウム	锆	Zirconium	Zirconium	Zirconium
나이오븀	ニオブ	铌	Niobium	Niob	Niobium
몰리브데넘	モリブデン	钼	Molybdenum	Molybdän	Molybdenum
테크네튬	テクネチウム	锝	Technetium	Technetium	Technetium
루테늄	ルテニウム	钌	Ruthenium	Ruthenium	Ruthenium
로듐	ロジウム	铑	Rhodium	Rhodium	Rhodium
팔라듐	パラジウム	钯	Palladium	Palladium	Palladium
은	銀	银	Silver	Silber	Argentum
카드뮴	カドミウム	镉	Cadmium	Cadmium	Cadmium
인듐	インジウム	铟	Indium	Indium	Indium
주석	スズ	锡	Tin	Zinn	Stannum
안티모니	アンチモン	锑	Antimony	Antimon	Stibium
텔루륨	テルル	碲	Tellurium	Tellur	Tellurium
아이오딘	ヨウ素	碘	Iodine	Iod	Iodum
제논	キセノン	氙	Xenon	Xenon	Xenon

한국어	일본어	중국어	영어	독일어	라틴어
세슘	セシウム	铯	Caesium	Caesium	Caesium
바륨	バリウム	钡	Barium	Barium	Barium
란타넘	ランタン	镧	Lanthanum	Lanthan	Lanthanum
세륨	セリウム	铈	Cerium	Cer	Cerium
프라세오디뮴	プラセオジム	镨	Praseodymium	Praseodym	Praseodymium
네오디뮴	ネオジム	钕	Neodymium	Neodym	Neodymium
프로메튬	プロメチウム	钷	Promethium	Promethium	Promethium
사마륨	サマリウム	钐	Samarium	Samarium	Samarium
유로퓸	ユウロピウム	铕	Europium	Europium	Europium
가돌리늄	ガドリニウム	钆	Gadolinium	Gadolinium	Gadolinium
터븀	テルビウム	铽	Terbium	Terbium	Terbium
디스프로슘	ジスプロシウム	镝	Dysprosium	Dysprosium	Dysprosium
홀뮴	ホルミウム	钬	Holmium	Holmium	Holmium
어븀	エルビウム	铒	Erbium	Erbium	Erbium
툴륨	ツリウム	铥	Thulium	Thulium	Thulium
이터븀	イッテルビウム	镱	Ytterbium	Ytterbium	Ytterbium
루테튬	ルテチウム	镥	Lutetium	Lutetium	Lutetium
하프늄	ハフニウム	铪	Hafnium	Hafnium	Hafnium
탄탈럼	タンタル	钽	Tantalum	Tantal	Tantalum
텅스텐	タングステン	钨	Tungsten	Wolfram	Wolframium

한국어	일본어	중국어	영어	독일어	라틴어
레늄	レニウム	铼	Rhenium	Rhenium	Rhenium
오스뮴	オスミウム	锇	Osmium	Osmium	Osmium
이리듐	イリジウム	铱	Iridium	Iridium	Iridium
백금	白金	铂	Platinum	Platin	Platinum
금	金	金	Gold	Gold	Aurum
수은	水銀	汞	Mercury	Quecksilber	Hydrargyrum
탈륨	タリウム	铊	Thallium	Thallium	Thallium
납	鉛	铅	Lead	Blei	Plumbum
비스무트	ビスマス	铋	Bismuth	Bismut	Bisemutum
폴로늄	ポロニウム	钋	Polonium	Polonium	Polonium
아스타틴	アスタチン	砹	Astatine	Astat	Astatum
라돈	ラドン	氡	Radon	Radon	adon
프랑슘	フランシウム	钫	Francium	Francium	Francium
라듐	ラジウム	镭	Radium	Radium	Radium
악티늄	アクチニウム	锕	Actinium	Actinium	Actinium
토륨	トリウム	钍	Thorium	Thorium	Thorium
프로트악티늄	プロトアクチニウム	镤	Protactinium	Protactinium	Protactinium
우라늄	ウラン	铀	Uranium	Uran	Uranium
넵투늄	ネプツニウム	镎	Neptunium	Neptunium	Neptunium
플루토늄	プルトニウム	钚	Plutonium	Plutonium	Plutonium

한국어	일본어	중국어	영어	독일어	라틴어
아메리슘	アメリシウム	镅	Americium	Americium	Americium
퀴륨	キュリウム	锔	Curium	Curium	Curium
버클륨	バークリウム	锫	Berkelium	Berkelium	Berkelium
캘리포늄	カリホルニウム	锎	Californium	Californium	Californium
아인슈타이늄	アインスタイニウム	锿	Einsteinium	Einsteinium	Einsteinium
페르뮴	フェルミウム	镄	Fermium	Fermium	Fermium
멘델레븀	メンデレビウム	钔	Mendelevium	Mendelevium	Mendelevium
노벨륨	ノーベリウム	锘	Nobelium	Nobelium	Nobelium
로렌슘	ローレンシウム	铹	Lawrencium	Lawrencium	Lawrencium
러더포듐	ラザホージウム	鏪	Rutherfordium	Rutherfordium	Rutherfordium
더브늄	ドブニウム	𬭊	Dubnium	Dubnium	Dubnium
시보귬	シーボーギウム	𬭳	Seaborgium	Seaborgium	Seaborgium
보륨	ボーリウム	𬭛	Bohrium	Bohrium	Bohrium
하슘	ハッシウム	𬭶	Hassium	Hassium	Hassium
마이트너륨	マイトネリウム	䥑	Meitnerium	Meitnerium	Meitnerium
다름슈타튬	ダームスタチウム	𫟼	Darmstadtium	Darmstadtium	Darmstadtium
뢴트게늄	レントゲニウム	𬬭	Roentgenium	Roentgenium	Roentgenium
코페르니슘	コペルニシウム	鿔	Copernicium	Copernicium	Copernicium
니호늄	ニホニウム	钅+尔	Nihonium	Nihonium	Nihonium
플레로븀	フレロビウム	𫓧	Flerovium	Flerovium	Flerovium

한국어	일본어	중국어	영어	독일어	라틴어
모스코븀	モスコビウム	镆	Moscovium	Moscovium	Moscovium
리버모륨	リバモリウム	𫟼+立	Livermorium	Livermorium	Livermorium
테네신	テネシン	石+田	Tennessine	Tenness	Tennessine
오가네손	オガネソン	气+奥	Oganesson	Oganesson	Oganesson

함께 읽어볼 만한 자료

1장 원소의 이름은 누가 지었을까

◆ IUPAC. (2019). Compendium of Chemical Terminology, 2nd ed. chemical element. Retrieved 30 December 2022, from https://doi.org/10.1351/goldbook.C01022

◆ Klaproth, M. H. (1793). Chemische Untersuchung der Silbererze. In Berlin-Brandenburgische Akademie der Wissenschaften, Sammlung der deutschen Abhandlungen (pp.16-32). Decker.

◆ Koppenol, W. H., Corish, J., Garrcía-Martínez, J., Meija, J., Reedijk, J. (2016). How to name new chemical elements (IUPAC Recommendations 2016). Pure and Applied Chemistry, 88(4), 401-405. https://doi.org/10.1515/pac-2015-0802

◆ 菅原国香, 板倉聖宣. (1989). 幕末·明治初期における日本語の元素名 (I). 科学史研究, 28(172), 193-202. https://doi.org/10.34336/jhsj.28.172_193

◆ Rangaku. (2018). Le mot élément : genso「元素」et les autres formes. Retrieved 31 December, 2022, from http://rangaku.canalblog.com/archives/2018/09/18/36715817.html

◆ 대한화학회. (2021). 화합물 명명법. http://new.kcsnet.or.kr/iupacname

◆ 《무기화합물 명명법(개정판)》, 대한화학회 화학술어위원회, 청문각, 1998

2장 인간의 역사를 만든 7가지 금속

◆ 신우선. (2019). '주석', '주발'의 한자 연원 고찰-한중 문헌 자료 및 역사음운론 연구법을 통해. 중국언어연구, 80, 65-84. http://doi.org/10.38068/KJCL.80.3

3장 '소'가 붙지 않은 원소

◆ Maslin, M., Van Heerde, L., Day, S. (2022) Sulfur: A potential resource crisis that could stifle green technology and threaten food security as the world decarbonises. Geographical Journal, 188(4), 498–505. https://doi.org/10.1111/geoj.12475

4장 '소'가 붙어 있는 원소

◆ Siderer, Y. (2021) Translations of Roscoe's chemistry books into Japanese and Hebrew – Historical, cultural and linguistic aspects. Substantia, 5(2), 41–54. https://doi.org/10.36253/Substantia-1187

◆ 興治文子, 小林昭三, 平田裕之. (2012). 日本各地の明治中期の理科授業筆記の発見と当時の元素教育. 新潟大学教育学部研究紀要 自然科学編, 5(1), 21–37.

◆ 稲田信治. (1984) 羅斯珂氏化学. 科学史研究, 23(151), 129–139. https://doi.org/10.34336/jhsj.23.151_129

◆ Lavoisier, A. (1777). Mémoire sur la combustion en général. Mémoires de l'Académie Royale des Sciences, 592–600.

5장 염을 만드는 원소

◆ Banks, R. E. (1986). Chapter 1 – Isolation of fluorine by Moissan: Setting the scene. Journal of Fluorine Chemistry, 33, 3–26.

◆ Marshall, J. L., Marshall, V. R. (2009). Courtois and Iodine. The Hexagon, 100(4), 72–75.

6장 고귀하신 기체 원소

◆ Davies, A. G. (2012). Sir William Ramsay and the noble gases. Science Progress, 95(1), 23-49. https://doi.org/ 10.3184/003685012X1330705 8213813

◆ Rayleigh. (1892). Density of nitrogen. Nature, 46, 512-513. https://doi. org/10.1038/046512c0

◆ 김태웅. (2021.02.17.) 도심 야경을 책임지는 '네온사인', 어떻게 발명되었나? 윕뉴스. https://www.wip-news.com/news/articleView.html?idxno=5140

7장 잿물과 양잿물: 두 이름을 가진 원소

◆ 이미식. (연도미상). 잿물. https://encykorea.aks.ac.kr/Article/E0049073

8장 트랜스페르뮴 전쟁

◆ Barber, R. C., Greenwood, N. N., Hrynkiewicz, A. Z., Jeannin, Y. P., Lefort, M., Sakai M., Ulehla, I., Wapstra, A.H., Wilkinson, D.H. (1993). Discovery of the transfermium elements. Part II: Introduction to discovery profiles. Part III: Discovery profiles of the transfermium elements. Pure and Applied Chemistry, 65(8), 1757-1814. https://doi.org/10.1351/ pac199365081757

◆ Nurmia, M. (2003). NOBELIUM. Retrieved 29 March, 2023, from https:// pubsapp.acs.org/cen/80th/nobelium.html

◆ Browne, M. W. (1994, October 11). Element Is Stripped of Its Namesake. The New York Times, C12.

◆ Yarris, L. (1994). Naming of element 106 disputed by international committee. Retrieved 29 March, 2023, from https://www2.lbl.gov/

Science-Articles/Archive/seaborgium-dispute.html

- Seaborg, G. T., Seaborg, E. (2001). Adventures in the Atomic Age: from Watts to Washington. Farrar, Straus and Giroux.
- Seaborg, G. T. (2020). Source of the actinide concept. Actinide Research Quarterly, 25(1), 4-6.

사진 출처

43쪽: ⓒ libretexts, Openstax
68쪽: ⓒ Caltech E&S Magazine, Volume 60, Number 1, 1997
77쪽: Wikimapia
82쪽: Physicoro, Wikipedia Commons
97쪽: EFDA JET, Wikipedia Commons
101쪽: Lord Mountbatten, Wikipedia Commons
106쪽: Anton, Wikipedia Commons
124쪽: Ivar Leidus, Wikipedia Commons
132쪽: https://images-of-elements.com/iodine.php
177쪽: Abbas cucaniensis, Wikipedia Commons
188쪽: Wikimapia
193쪽: ⓒ The Nobel Foundation
204쪽: Oleg Yu.Norikov, Wikipedia Commons

읽자마자 과학의 역사가 보이는 원소 어원 사전

1판 1쇄 펴낸 날 2023년 9월 20일
1판 3쇄 펴낸 날 2024년 5월 15일

지은이 김성수

펴낸이 박윤태
펴낸곳 보누스
등록 2001년 8월 17일 제313-2002-179호
주소 서울시 마포구 동교로12안길 31 보누스 4층
전화 02-333-3114
팩스 02-3143-3254
이메일 bonus@bonusbook.co.kr

ISBN 978-89-6494-653-4 03430

- 책값은 뒤표지에 있습니다.